Michael Huber · Nikon F-601
und F-601M

Michael Huber

Laterna magica

Die in diesem Buch gegebenen Informationen und Ratschläge beruhen auf gründlicher Recherche. Doch nicht jede Information kann nachgeprüft werden. Verlag und Autor übernehmen für die Richtigkeit der Angaben in diesem Buch und sich etwa daraus ergebende Folgen keine Gewährleistung.
Dieses Buch wurde vom Hersteller der Kamera weder in Auftrag gegeben noch gesponsert, noch hat der Autor bei der Anfertigung des Manuskripts irgendwelche Anweisungen oder Forderungen des Herstellers erhalten bzw. befolgt.

2. überarbeitete Auflage 1991

Die Produktfotos stellte freundlicherweise die Firma Nikon zur Verfügung. Alle Abbildungen, soweit nicht anders vermerkt, vom Autor selbst.
Umschlaggestaltung und Herstellungsleitung: Günther Herdin, München.
Herstellungsassistent: Michael Robertson, München.
Satz: Laterna magica.
Offsetreproduktionen: Fotolito Longo, Frangart.
Druck: Kösel Druck, Kempten.
ISBN 3-87467- 458-4
Printed in Germany.

Inhaltsverzeichnis

Zu diesem Buch

Die Nikon Erfolgsstory begann 1962 mit der legendären F-Serie und setzte sich ab 1972 mit der F-2-Serie fort. Diese Kameras begründeten den Ruf der «Nikons» als der Standardwerkzeuge des Bildjournalisten. So fand ab 1980 auch die F-3 viele Freunde in der professionellen Fotografie. Im Bereich der ambitionierten Hobbyfotografie machte sich Nikon vor allem mit der FA (1983) und den FG-Modellen (ab 1982) einen guten Namen. Von den modernen Nikon Spiegelreflexkameras ist die F-301 (1985), die erste Nikon mit integriertem Motor, aufgrund ihrer guten Eigenschaften nach wie vor ein Bestseller. Die F-501, die erste Nikon AF-Spiegelreflexkamera, ist zwischenzeitlich ausgelaufen.
Die 1988 vorgestellte AF-Profikamera F4 stieß anfänglich wohl auf einige Skepsis. Neulich lief mir jedoch ein «rasender» Fotoreporter alter Schule über den Weg, dessen F4 aussah, als wenn er ständig damit Nägel einschlüge. Ich glaube das sagt alles. Mit der F-601 stößt Nikon nun 1990 in die Lücke zwischen F-401S und F-801 ...

F-401S, F-801 oder F-601?

Für den Hobbybereich bietet die ab 1987 angebotene F-401 bzw. 1989 überarbeitete F-401S höchsten Bedienungskomfort. Salopp gesagt, ist die F-401S die «ideale AF-Spiegelreflexkamera für den Knipser, der noch zum Fotografen werden will». Die seit 1988 erhältliche F-801, bietet dagegen vor allem Features, auf die der viel und vielseitig fotografierende «Semiprofi» nicht verzichten möchte: U.a. die besonders übersichtliche Be-

«Umarmung» könnte der Titel dieses Bildes heißen. Es zeigt in meisterlicher Weise, daß auch wenige Elemente auf einem Bild die Aussage unterstützen können. Foto: Rudolf Dietrich

dienung, die reichlich dimensionierte Stromversorgung, die schnelle Verschlußzeit von 1/8000s; die Blitzsynchronisation ab 1/250s, den Filmtransport mit 3,3 Bildern/s, die elektr. Fernauslösung, die Mehrfachbelichtungsmöglichkeit, die auswechselbaren Sucherscheiben, die Abblendtaste zur Schärfentiefekontrolle, das vielseitigst programmierbare Databack. Inzwischen erschien die überarbeitete F-801S, die um Tracking Autofokus und Spotmessung ergänzt wurde. Die F-601AF zielt dagegen auf den in seinen Ansprüchen zwischen F-401S und F-801S liegenden ambitionierten Hobbyfotografen. Er wird vor allem den eingebauten hochintelligenten Blitz und den bewegten Motiven «nacheilenden» Autofokus zu schätzen wissen. Auch die Spot-Messung und die automatische Belichtungsreihe sind Features, die er hin und wieder wird nützen können. Die F-601M verzichtet auf Autofokus, eingebauten Blitz und Spot-Messung. Dadurch liegt sie nicht nur günstiger im Preis sondern wird auch eingefleischten Feinden des Autofokus gerecht.

Zur Entstehung dieses Buchs

Dieses Buch beruht auf über sechswöchigem, praktischem Einsatz der F-601. Dabei kamen neben dem Autor auch Laien und ein versierter Profifotograf zum Zuge. Die dabei gewonnenen Erfahrungen und viele Bildbeispiele flossen in das vorliegende Buch ein. Alle Beispielsfotos für Belichtung, Blitztechniken, Autofokus usw. in diesem Buch sind tatsächlich mit der F-601 gemacht.

Ein Dankeschön ...

... an Frau Schulz, Herrn Exner und Herrn Nagel im Hause Nikon, die durch die nötige Information zum Gelingen dieses Buches beigetragen haben. Mein besonderer Dank gilt Herrn Nagel, der mir für die 2. Auflage einige wichtige Korrekturen und Ergänzungen zukommen ließ.

Wichtiger Hinweis

Dieses Buch behandelt die Modelle F-601 und F-601M. Bei Aussagen, die für beide Modelle gelten, ist stets nur von der F-601 die Rede. Bestehen Unterschiede, werden die beiden Modelle, um Mißverständnisse zu vermeiden, als F-601AF bzw. F-601M bezeichnet.

Inhalt und Aufbau des Buchs

Dieses Buch erläutert die Möglichkeiten der F-601 bzw. F-601M sowohl unter dem Gesichtspunkt technisch perfekter Bilder als auch gelungener Bildgestaltung. Das Buch ist im allgemeinen so gegliedert, daß Sie zu Anfang jeden Hauptkapitels die wichtigsten Informationen zum Umgang mit der Kamera finden, also «Welches Knöpfchen muß ich drücken...». Im folgenden finden Sie dann beschrieben, welche Motive und Aufnahmesituationen mit der jeweiligen technischen Möglichkeit besonders gut zu meistern sind. Das nächste Unterkapitel zeigt dann, wo die Grenzen liegen, und wann Sie besser auf eine andere Betriebsart umsteigen. Die letzten Unterkapitel sind dann jeweils den technischen Hintergründen gewidmet. Zusätzlich finden Sie noch am Ende des Buches ein Kapitel «Technische Hintergründe der Belichtungs- und Blitzautomatiken», das vor allem der ambitionierte Fotograf mit Gewinn lesen wird. Viel Spaß beim Fotografieren!

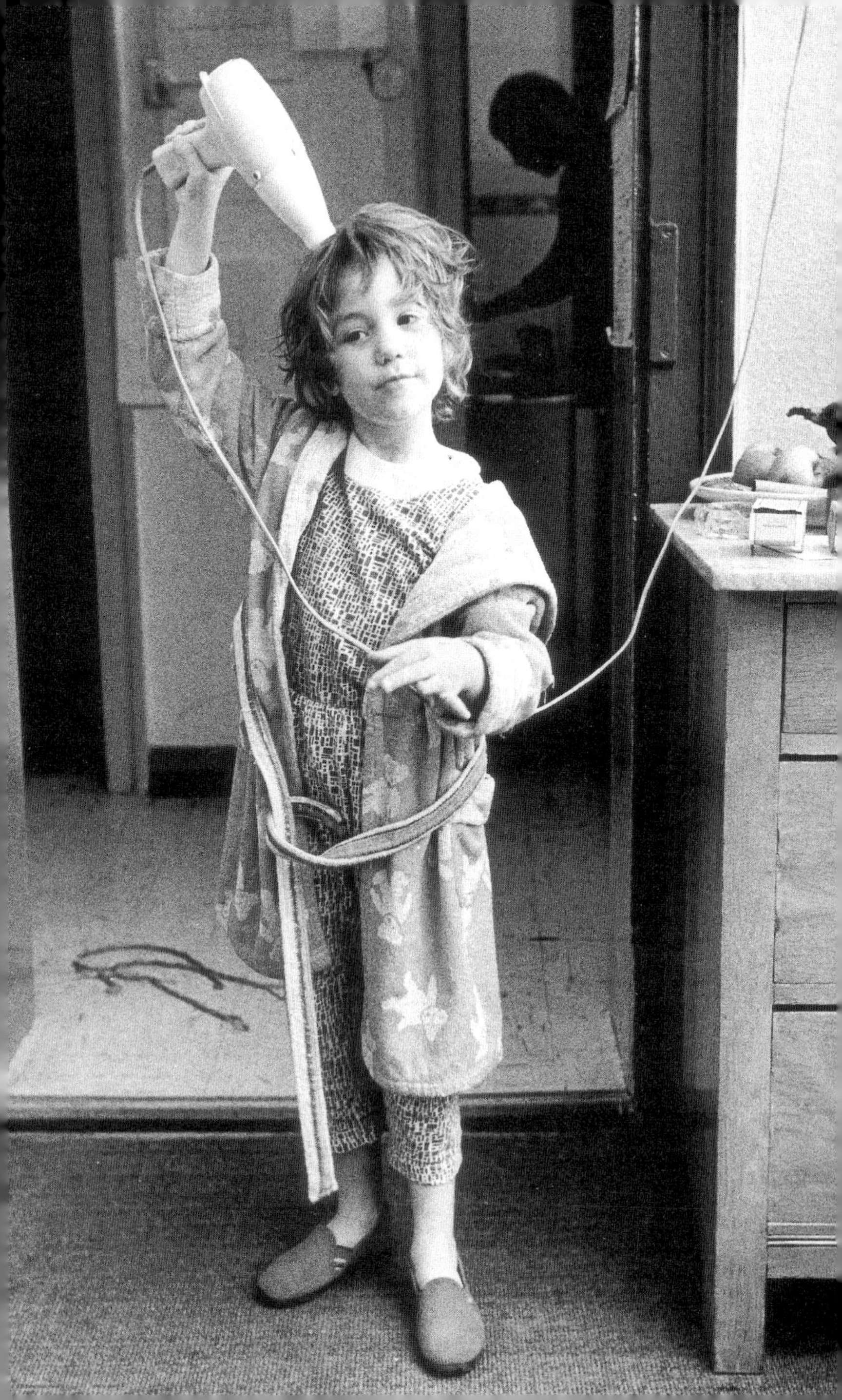

Die Bedienung

Übersicht über die Bedienelemente

Immer wieder muß ich mich darüber wundern, daß die meisten Fotografen (egal ob Profi oder Amateur) nur einen Bruchteil der Möglichkeiten ihrer Kamera nutzen. Fragt man nach, bekommt man zu hören, daß die meisten Fotografen in der Regel «zu faul» sind, sich mit der Bedienung der Kamera restlos vertraut zu machen. Das folgende Kapitel soll Ihnen deshalb helfen, die Bedienungselemente im Schnelldurchgang aber doch im Detail kennenzulernen. Fassen Sie das nachfolgend Beschriebene am besten als Schnellkurs auf und probieren Sie es jeweils sofort aus!
Betrachten wir die F-601 bzw F-601M zunächst von vorne, mit abgenommenem Objektiv. Links oben an der Vorderfront des Griffwulsts sehen Sie ein rechteckiges, rotes Leuchtdiodenfenster zur *Selbstauslöserkontrolle.* Rechts oben am äußeren Bajonettrand befindet sich ein schwarzer Mitnehmerhebel an einem Drehring für die mechanische *Blendenübertragung,* der bei Verwendung herkömmlicher Nicht-AF-Objektive nötig ist. Etwas unterhalb davon befindet sich ein weißer Punkt, die Markierung für das *Einsetzen der Objektive* ins Bajonett. Auf halber Höhe dann die *Objektiventriegelungstaste* und senkrecht darunter befindet sich der *AF-Betriebsartenschalter* für die Scharfstellfunktionen. **AF-Betriebsartenschalter auf <<M>>:** Für manuelle Scharfstellung herkömmlicher Nicht-AF-Objektive. Sie können dabei bis Lichtstärke 5,6 über den elektronischen Schärfeindikator im Sucher scharfgestellt werden. PC-Nikkore, Reflex-Nikkore und Objektive geringerer Lichtstärke können auf die Mattscheibe scharfgestellt werden. Die beiden **AF-Betriebsarten**

⇦ *Gerade das Alltagsleben steckt voller Situationen, die Charme und Unbekümmertheit von Kindern erst so richtig zur Geltung kommen lassen.*
Foto: Rudolf Dietrich

<<S>> und <<CF>> arbeiten mit Schärfepriorität: Auch wenn der Auslöseknopf voll durchgedrückt ist, wird nur ausgelöst, wenn scharfgestellt ist. Bei beiden Betriebsarten <<S>> («Single Focus») und <<CF>> («Continuous-Focus») wird bei bewegtem Objekt die Schärfe laufend nachgestellt. **Automatische Schärfespeicherung bei <<S>>:** Ein unbewegtes Objekt kann mit angetipptem Auslöser angepeilt werden und sobald die Schärfe steht, bleibt diese Einstellung bei angetippt gehaltenem Auslöser automatisch gespeichert. Nun kann der Bildausschnitt beliebig verändert werden, ohne daß sich die Schärfe verstellt («automatischer AF-Lock»), zum Auslösen wird einfach voll durchgedrückt. In **AF-Betriebsart <<CF>>** wird dagegen auch bei unbewegten Objekten, bei Schwenks die Schärfe laufend nachgestellt. Innerhalb des Bajonetts der F-601 befinden sich am oberen Innenrand sieben Kontakte für die *elektronische Objektivwertübertragung.* Über sie werden vom Objektiv-Mikroprozessor die Werte für Lichtstärke, aktuelle Blende, Brennweite und Stellweg (nur F-601AF) zur Kamera hin übertragen. Daraus kann der Kameracomputer die richtigen Werte für Scharfstellung (nur F 601 AF) und Belichtung errechnen. In der Mitte, am linken Innenrand, befindet sich der *Springblendenhebel.* Der Springblendenhebel schliesst beim Auslösen das Objektiv auf die Arbeitsblende. Links unten ragt aus der blanken Bajonettauflage ein bewegliches Metallzäpfchen, die *Motorkupplung* für die automatische Objektivscharfstellung (nur F-601AF). Rechts in halber Höhe der *Objektiventriegelungsknopf:* Nur wenn er gedrückt ist, kann ein Objektiv aus dem Bajonett gedreht werden. Über dem Bajonett, in die Prismenverkleidung integriert, der *herausklappbare Miniblitz* (nur F-601AF), der nach Druck auf die beiden Tasten links und rechts nach oben herausklappt und sich automatisch aufzuladen beginnt.
Wenn wir von hinten in die geöffnete Kamera schauen, sehen wir ganz links die Mechanik der *Rückwandverriegelung,* daneben das *Filmpatronenfach.* Oben ragt der *Rückspulgreifer* in die Filmpatronenkammer, rechts befinden sich die sechs *DX-Kontakte,* mit denen automatisch die DX-codierte Filmempfindlichkeit von der Filmpatrone abgetastet wird. In der Mitte der Kamera das Bildfenster mit dem *Metall-Schlitzverschluss-Vorhang* (beim Filmeinlegen und Herausnehmen niemals berühren, da sehr empfindlich und leicht zu beschädigen!). Rechts vom Bild-

fenster sehen Sie die Einrichtung für die *automatische Filmeinfädelung*. Sie besteht in der Kamera aus der Filmtransport-Zahntrommel und der Filmwickelspule. Die rote Markierung am unteren Rand zeigt an, wie weit der Film beim Einlegen aus der Patrone gezogen werden muß. Daneben auf der Rückwand ein Filmführungsblech mit Filmandruckwalzen. Die *Filmandruckplatte* in der Mitte der Kamerarückwand ist ein sensibles Teil, das leicht zu dejustieren ist, was zu Schärfeverlust durch mangelhafte Filmplanlage führt! Über dem Verschluß der Prismensucher mit *High-Eyepoint-Okular:* Durch eine spezielle Optik ist auch aus 18mm-Abstand z.B. für Brillenträger das Sucherbild noch voll überschaubar. Für das Sucherokular gibt es übrigens einen Okularadapter, Augenkorrektionslinsen, eine Einstell-Lupe und eine Okularabdeckung. Rechts neben dem Sucher ist der Schiebe-Knopf für den *Belichtungs-Meßwertspeicher AE-L* («Automatic-Exposure-Lock»): Solange er gedrückt wird, bleibt in allen Automatik-Betriebsarten der zuletzt gemessene Belichtungswert gespeichert und wird erst beim Auslösen abgerufen, unabhängig z.B. von veränderter Motivhelligkeit oder Kontrast nach einem Schwenk. Dieser Schiebeknopf läßt sich bei der F-601AF so umprogrammieren, daß er auch zur gleichzeitigen *Schärfe-Speicherung* im AF-Betrieb dient (manueller «Auto-Focus-Lock»).
Bei geschlossener Kamerarückwand sieht man links das *Filmfenster* und kann jederzeit feststellen, ob und was für ein Film in die Kamera eingelegt ist.
Auf der Unterseite der Kamera befindet sich von unten gesehen links im Griffwulst die Batteriefach-Klappe, darunter der *Rückspulentriegelungsknopf* und rechts daneben der Schiebeschalter für die *Filmrückspulung:* Sie müssen gemeinsam betätigt werden, um die motorische Filmrückspulung einzuschalten. Dazwischen befindet sich in halber Höhe die *Produktionsnummer* der Kamera, in der Mitte in Objektivachse das *Stativgewinde.*
Jetzt betrachten wir die Kamera von oben mit dem Objektiv nach vorne gerichtet. Rechts vorne am Griffwulst befindet sich der *Auslöser* mit einem Drahtauslösergewinde-Anschluss. Der *Auslöseknopf ist ein Mehrfunktionsschalter:* Bei ganz leichtem Antippen schaltet er die Belichtungselektronik ein (LC-Sucheranzeige erscheint), bei geringfügig stärkerem Antippen wird der Autofokus aktiviert und stellt auf das angepeilte Objekt

scharf und erst bei vollem Durchdrücken des Auslösers wird der Verschluß ausgelöst, der Film belichtet und automatisch zum nächsten Bild weitertransportiert. Rechts hinter dem Auslöser befindet sich der *Hauptschalter* der Kamera, mit dem die Stromversorgung ein- und ausgeschaltet wird. Dahinter liegt das *Einstellrad* der Kamera; mit ihm kann in Kombination mit der jeweils zusätzlich gedrückten Funktionstaste diese Funktion in ihrem Zahlenwert bzw. in ihrer Betriebsart verstellt werden. (Drückt man z.B. die Taste MODE, kann mit dem Einstellrad zwischen den verschiedenen Belichtungsarten umgestellt werden). Links neben dem Einstellrad befindet sich das zentrale *LC-Display.* Auf ihm werden alle aktuellen Werte und Funktionen gleichzeitig angezeigt, wohingegen sich die LC-Anzeige im Sucher auf das «Nötigste» beschränkt. Auf dem Sucherprismagehäuse sitzt der *Zubehörschuh* mit den *Blitzkontakten.* Mit den aufgesteckten modernen Nikon-System-Blitzgeräten sind alle Blitzfunktionen der F-601 möglich. Mit der F-601AF ist mit SB-20, SB-22, SB-23 und SB-24 auch automatische Scharfstellung bei völliger Dunkelheit möglich. Links neben dem Hauptschalter die Funktionstaste mit dem +/- -Symbol für *manuell einstellbare Belichtungskorrekturen.* Beim Drücken dieser Taste erscheint im zentralen LC-Display und in der Sucheranzeige die *Korrekturskala* und der eingestellte Korrekturwert, den ich durch gleichzeitiges Drehen am Einstellrad rechts vom LC-Display verändern kann. Lasse ich die Taste los und habe ich einen Korrekturwert eingegeben, erscheint im zentralen LC-Display und in der Sucher-Anzeige das blinkende *Belichtungs-Korrektur-Symbol* (Plus-Minus), der zahlenmäßige Korrekturwert wird leider nicht angezeigt (Vielleicht spendiert Nikon dereinst bei der F-901 besseres?). Daneben die *Shift-Taste* mit einem gelben Viereck gekennzeichnet, die mehrere Funktionen zu erfüllen hat: Wenn die Shift-Taste gedrückt wird erscheint sowohl im zentralen LC-Display, als auch in der Sucheranzeige die Skala und der Wert für die *manuelle Blitzkorrektur,* der mit dem zentralen Einstellrad verstellt wird. Am analogen Balkendisplay ist so eine Korrektur der Blitzdosierung von +1 bis -3, vom kräftigen dominierenden Blitz bis zum schwachen Aufhellblitz bequem einzustellen. Läßt man die Shift-Taste wieder los verschwindet die Skala und auf dem LC-Display erscheint das *Blitz-Korrektur-Symbol* (Kombination von Plus-Minus und Blitz)

als Hinweis, daß ein Korrektur-Wert gespeichert ist. Diese «Subminiatur» Shift-Taste ist sicher ergonomisch nicht der konstruktiven Weisheit letzter Schluß und ich mußte mir angewöhnen, sie mit dem Fingernagel zu betätigen.
Über dem Prisma befindet sich bei der F-601AF der *eingebaute* Blitz. Durch Eindrücken der vorne links und rechts angebrachten Entriegelungsknöpfe klappt er hoch, er lädt sich sofort auf und die Kamera stellt automatisch auf die kürzestmögliche Blitzsynchronzeit 1/60s (s.a. Seite 45 unten) oder 1/125s um.
Links vom Prismengehäuse da, wo herkömmliche mechanische Kameras ihren Rückspulknopf hatten, befindet sich das *Tastenkreuz für die Hauptfunktionen* der Kamera. Die Tasten sind bei der F-601AF alle doppelt belegt, d.h. um jeweils die zweite Funktion der Taste abzurufen (in gelber Farbe dargestellt), muß ich vorher die schon früher erwähnte Shift-Taste niederdrücken und niedergedrückt halten. Durch Drücken der MODE-Taste können Sie mit dem zentralen Einstellrad unter den verschiedenen *Belichtungsfunktionen* wählen: <<A>> steht für *Zeitautomatik,* d.h. zu einer manuell vorgewählten Blende stellt die Kamera automatisch die Zeit ein. <<S>> steht für *Blendenautomatik,* d.h. zu einer manuell vorgewählten Zeit stellt die Kamera automatisch die Blende ein. <<P>> steht für *Normal-Programmautomatik,* d.h.Kamera wählt automatisch sowohl Zeit als auch Blende nach einem gleichbleibenden Schema, unabhängig von der Brennweite des verwendeten Objektivs. <<PM>> steht für *Multi-Programmautomatik,* d.h. die Kamera wählt sowohl Zeit als auch Blende abhängig von der Brennweite des Objektivs. Zum Beispiel bei längerbrennweitigen Ojektiven kürzere, verwackelungssichere Belichtungszeiten. Zusätzlich ist manueller *Programm-Shift* möglich: Bei allen Programmautomatiken kann jederzeit eine gewünschte Verschlußzeit oder Blende im Rahmen der von der Kamera ermittelten Belichtungsdaten mit dem zentralen Einstellrad direkt angewählt werden. Das wird durch Blinken von «P» bzw. «PM» in den LC-Displays angezeigt. <<M>> steht für *Manuelle Belichtungseinstellung,* d.h. die Blende ist am Blendenring des Objektivs und die Belichtungszeit am Einstellrad der Kamera frei wählbar. Ein Belichtungsabgleich ist über die *analoge Lichtwaage* im Sucher bzw. im LC-Display in 1/3-Stufen möglich. Gleichzeitiges Drücken von *MODE-Taste + Shift-Taste* schaltet den automatisch ausgewogenen *Aufhell-*

blitz-Modus ein bzw. aus (Symbol: Person vor Sonne). Automatisch ausgewogenes Aufhellblitzen heißt, daß der Blitz so dosiert wird, daß er vorhandenes Licht nicht überstrahlt, sondern nur dunkle Partien in natürlicher Weise aufhellt, ohne dabei die Atmosphäre zu zerstören. Das automatische Aufhellblitzen eignet sich besonders gut für Gegenlichtsituationen oder für Motive mit noch reichlich vorhandenem Restlicht. Die *manuelle Einstellung der Filmempfindlichkeit* erfolgt durch Drücken der ISO-Taste und gleichzeitiges Drehen am zentralen Einstellrad beliebig zwischen ISO 6/9° und ISO 6400/39° (Anzeige am zentralen LC-Display). Das ist nötig bei Filmen, die in nicht DX-codierten Patronen abgepackt sind oder wenn Sie bewußt einen ganzen Film über- oder unterbelichten wollen (z.B.höhere Empfindlichkeitseinstellung auf Grund schlechter Lichtverhältnisse mit anschließender Push-Entwicklung). Zur *Umstellung auf DX-Automatik* bei Verwendung DX-codierter Filme drückt man zuerst die Shift-Taste und dann zusätzlich die ISO-Taste, auf dem LC-Dislpay erscheint das *DX-Symbol* und die abgetastete Filmempfindlichkeit. Es empfiehlt sich nach jedem Filmeinlegen zu kontrollieren, ob der ISO-Wert auch richtig abgetastet wurde, es könnte ja mal ein Kontakt verschmutzt sein oder nicht richtig anliegen. Solange Sie nichts anderes wollen als automatische DX-Abtastung, müssen Sie auch bei Filmwechsel nicht erneut die Shift-Taste drücken, sondern nur zur Kontrolle die ISO-Taste und darauf achten, daß das DX-Symbol auf dem LC-Display erscheint. Die Einstellung des motorischen Filmtransports wählt man mit der DRIVE-Taste und dem zentralen Einstellrad: <<S>> (Single = Einzelbildschaltung), <<CL>> (Continuous Low = Serienauslösung mit bis zu 1,2 Bildern/sec), <<CH>> (Continuous High = Serienauslösung mit bis zu 2 Bildern/s). Die vorgenannten Werte gelten für Verschlußzeiten kürzer als 1/125s bei normalen Temperaturen und frischen Batterien. Die Bildfolgezeiten bei Serienauslösung sind nicht gerade sensationell, sie geben aber bei der F-601AF dem wirklich schnellen AF-System eine große Chance auch bei sich sehr schnell be-

Dieser Leuchtturm im letzten Schein der Abendsonne wurde aus ungefähr gleicher Höhe und aus größerer Entfernung mit dem 180mm-Teleobjektiv aufgenommen. Nur so kommt es zu keinen stürzenden Linien. Foto: Wolf Huber

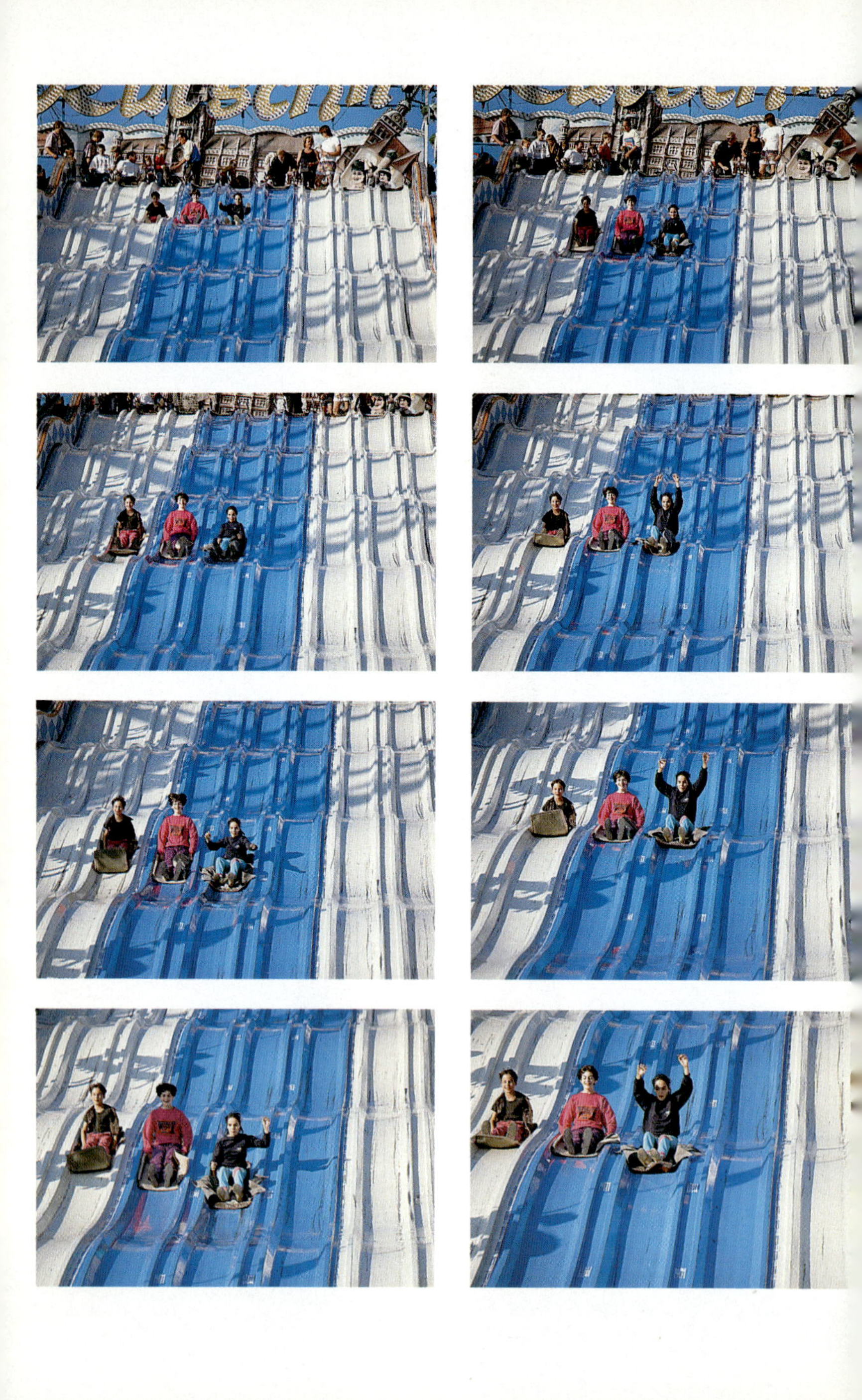

wegenden Objekten zwischen den Bildern scharfzustellen und so auch tatsächlich 2 Bilder/s zu belichten. Denn wenn der Kamera keine Zeit gegeben wird zwischen den Bildern scharfzustellen, dann löst sie auch nicht aus und der Zeitabstand in der Bildfolge vergrößert sich entsprechend, ein schnellerer Motordrive würde also gar nichts bringen. Die DRIVE-Taste ist bei der F-601AF doppelt belegt und trägt noch die gelbliche Aufschrift AF-L (Autofocus-Lock = Schärfespeicher). Diese *manuelle AF-Schärfespeicherung* wird durch gemeinsames Drücken von der Shift-Taste mit der AF-L-Taste aktiviert und auf dem LC-Display sowie im Sucher angezeigt (Symbol: AF-L). Umgekehrt wird so die AF-L-Funktion wieder abgeschaltet. Doch Vorsicht: Sobald die Tasten losgelassen werden, gibt es keine Anzeige mehr! *Überprüfung der AF-L-Funktion*: Erst nach Drücken der Shift-Taste (allein) erscheint das Symbol im LC-Display bzw. im Sucher. Bei der F-601AF wirkt die AF-L-Funktion stets gemeinsam mit einer Belichtungswert-Speicherung, denn sie wird über denselben Schiebeknopf auf der Rückseite der Kamera hinter dem Einstellrad aktiviert. Die Scharfstellung und der Belichtungswert bleiben unabhängig vom AF-Modus solange gespeichert wie dieser *AE-L/AF-L-Schiebe-Knopf* nach links gedrückt bleibt (siehe auch Beschreibung dieses Knopfes zu Anfang dieses Kapitels!). Die BKT-Taste (Bracketing) ermöglicht eine *automatische Belichtungsreihe:* Man wählt entweder Programm-, Zeit- oder Blendenautmatik, drückt bei gedrückter Shift-Taste kurz die BKT-Taste und das *BKT-Symbol* erscheint im LC-Display. Umgekehrt wird so die BKT-Funktion auch wieder abgeschaltet. Sobald beide Tasten losgelassen werden, erscheint zusätzlich das blinkende +/- - Symbol im LC-Display und im Sucher. Einstellen der *Bilderzahl und Abstufung der Belichtungsreihe:* Bei gedrückter BKT-Taste stellt man am zentralen Einstellrad die gewünschte Belichtungsreihe ein. Wahlweise gibt es eine Belichtungsreihe mit 3 Bildern (Anzeige «3F») oder eine mit 5 Bildern (Anzeige «5F»), die Belichtungsunterschiede sind mit entweder 0.3, 0.7 oder 1.0 Belichtungsstufen (EV) program-

Geschwindigkeit des Autofokus: Mit der Serienbildschaltung von 2 Bilder/s <<CH>>, mit dem «tracking» Autofokus <<C>>, mit der Belichtung Blende 4.5 und 1/1000s und mit Brennweite 210mm konnten alle 8 Aufnahmen der Rutschbahn ohne Probleme mit der Scharfstellung aufgenommen werden.

mierbar. Zum Beispiel würde die Einstellung «5 F-0.7» bedeuten, daß die erste Aufnahme mit 1.4 und die zweite mit 0.7 Belichtungsstufen unterbelichtet sind, die dritte richtig belichtet ist, die vierte mit 0.7 und die fünfte mit 1.4 Stufen überbelichtet sind. Nachdem dies eingestellt ist, läßt man die BKT-Taste wieder los und außer dem BKT- und dem +/- - Symbol erscheint im zentralen LC-Display an Stelle des Bildzählwerks die Anzahl der Belichtungen (3 bzw. 5). Beim Auslösen gibt es dann einen Countdown bis das normale Bildzählwerk wieder erscheint und das BKT- und das +/- - Symbol wieder verschwinden. *Starten der Belichtungsreihe:* Im SINGLE-Modus drückt man Bild für Bild der Belichtungsreihe hintereinander einzeln ab und achtet auf das +/- - Symbol im Sucher, das verschwindet, sobald die Belichtungsreihe beendet ist. In den CL- und CH-Modi drückt man den Auslöser einfach durch und die Kamera stoppt automatisch, wenn die Belichtungsreihe durch ist. Jede weitere automatische Belichtungsreihe muß erneut programmiert und gestartet werden. Schöner wäre es, wenn z.B. für die Landschaftsfotografie mit Dia-Film wahlweise eine ständige Belichtungsreihe möglich wäre.

Der Rettungsgriff: Man drückt ganz einfach etwa 2s gleichzeitig MODE- und DRIVE-Taste, dann noch schnell die Ojektiv-Blende auf größte Blendenzahl gedreht und schon stehen alle Kamerafunktionen auf «normal». D.h. die Kamera befindet sich direkt im Multiprogramm mit Einzelbildschaltung, Matrix-Messung und Aufhellblitzautomatik. Man ist also mit einem Handgriff wieder schußbereit und kann sicher sein, daß nicht allzuviel schief gehen kann. Die F-601 mit all ihren vielfältigen Funktionen und deren Kombinationsmöglichkeiten, den Doppelfunktionstasten und z.T. komplizierten Programmierverfahren bietet auf manche Funktionen nicht gerade den schnellsten Zugriff. Wer also angesichts einer Vielzahl im Display blinkender Symbole den Überblick verloren hat, muß dank Rettungsgriff die Kamera nicht zu Nikon einschicken.

Umschaltung der Belichtungsmessung: Rechts oben vom Tastenkreuz findet man eine Knopftaste mit dem Matrixmeß-Symbol. Sie dient zum Umstellen der 3 Belichtungsmeßmodi, indem man gleichzeitig diesen Knopf drückt und am zentralen Einstellrad dreht. Es stehen zur Verfügung: Mittenbetonte Integralmessung, im LC-Display erscheint als Symbol gleich neben der Pro-

grammanzeige ein dicker Punkt im Kreis mit größerem Rechteck. *Matrix-Messung*, in diesem Messmodus wird das Bild in 5 Feldern gemessen und daraus werden automatisch Belichtungskorrekturen errechnet. Das Symbol im LC-Display zeigt ein großes Rechteck mit 5 Segmenten. *Spot-Messung* (nur bei der F-601AF), das Symbol im LC-Display ist ein dünner Punkt im großen Rechteck.
SLOW-Blitzfunktion: Derselbe Tastenknopf, der zur Umschaltung der Belichtungsmeßarten dient, schaltet in Verbindung mit der Shift-Taste die SLOW-Blitzfunktion ein, im LC-Display wird als Symbol «SLOW» angezeigt. Während in Verbindung mit allen Nikon Systemblitzgeräten (inkl. eingebautem Blitz, bei der F-601AF) in allen Belichtungsautomatiken mit Einschalten des Blitzgeräts die Kamera automatisch die dem Umgebungslicht entsprechende kürzestmögliche Blitzsynchronzeit von 1/60s (s.a. Seite 45) oder 1/125s einschaltet, werden nach Aktivieren von <<SLOW>> Blitze mit längeren Verschlußzeiten möglich.
Blitzen auf zweiten Verschlußvorhang: Die sog. REAR-Taste ist identisch mit dem Selbstauslöseknopf (rechts hinter dem Tastenkreuz). Um die REAR-Funktion ein- und auszuschalten, drückt man die Shift-Taste und gleichzeitig den Selbstauslöseknopf. Im LC-Display erscheint neben «SLOW» als Symbol «REAR». Damit Wischeffekte natürlicher wirken, d.h. die Wischspuren dem bewegten Objekt hinterherlaufen und nicht voraus, wird bei längeren Verschlußzeiten der Blitz auf den zweiten Verschlußvorhang synchronisiert. Der Blitz wird dabei am Ende einer längeren Verschlußzeit gezündet und nicht wie sonst üblich am Anfang.
Selbstauslöser: Der *Selbstauslöse-Knopf* mit dem laufenden Zeiger als Symbol, befindet sich rechts hinter dem Tastenkreuz. Einstellung der Selbstauslösung: Drücken des Selbstauslöseknopfs und gleichzeitig mit dem zentralen Einstellrad die Vorlaufzeit beliebig von 2s - 30s einstellen. Ohne variablen Vorlauf können 2 Selbstauslöseraufnahmen hintereinander eingestellt werden «Doppelselbstauslösung».
Sucher: Wenn wir in den Sucher schauen, sehen wir in der Mitte der Mattscheibe ein Rechteck, das *AF-Meßfeld* der Autofokuseinrichtung (nur F-601AF). Darumherum ist ein kleiner Kreis, das Meßfeld der Spot-Messung (nur F-601AF). Dann ein noch größerer Kreis, der die 75%-ige Gewichtung der mittenbe-

tonten Integral-Messung markiert. Wird der Auslöser nur leicht angetippt, erscheint unter dem Sucher das grün hinterleuchtete LC-Anzeigenfeld und bleibt stehen solange der Finger auf dem Auslöser bleibt. Wird der Auslöser losgelassen, erlischt die Anzeige bei frischer Batterie nach ca. 8s (bei schwächer werdender Batterie immer schneller). Ganz links erscheinen die *AF-Scharfstellungs-Symbole* (nur F-601AF), daneben wird die eingestellte *Belichtungsbetriebsart* angezeigt, dann kommen aktuelle *Belichtungszeit* und *Blende.* Angezeigt werden nur ganzzahlige gerundete Zeiten und Blenden. Intern rechnet und belichtet die Kamera aber auch Zwischenwerte. Wenn bei längeren Belichtungszeiten Verwackelungsgefahr besteht, blinken die Zeiten. Das *analoge Balkendisplay* erscheint nur bei Bedarf: In der Betriebart <<M>> als *Lichtwaage;* in den anderen Betriebarten als *Unter-* oder *Überbelichtungswarnung*; beim *Aufhellblitzen,* um das Verhältnis zum Umgebungslicht anzuzeigen; bei der *manuellen Blitzbelichtungskorrektur* zur Anzeige der Korrektur der Blitzdosierung. Ganz rechts eine Blitzsymbol-LED: Sie leuchtet ständig, wenn der Blitz aufgeladen und blitzbereit ist; sie blinkt, wenn die Kamera zur Benutzung des Blitzgeräts rät oder wenn der Blitz noch aufgeladen wird.
Wichtiger Hinweis zur Übersicht über die Bedienelemente: Dieses Unterkapitel brachte nur einen ersten, kurzen Überblick! Welchen Nutzen die Funktionen im Detail für die fotografische Aufnahmepraxis bringen und wie die Technik im Einzelnen funktioniert, finden Sie in den betreffenden Spezialkapiteln dieses Buches.

Die Bedienungselemente von F 601AF und F-601M

1) Selbstauslöser Leuchtdiode
2) Eingebauter Blitz (nur F-601 AF)
3) Autofokuskupplung (nur F-601 AF)
4) CPU-Kontakte für elektronische Datenübertragung
5) Spiegel
6) Betriebsartenschalter für Scharfstellung
7) Objektiventriegelungsknopf
8) Entriegelungsknöpfe für Blitz (nur F-601 AF)
9) Doppeltaste automatische Belichtungsreihe, Umschaltung auf / Einstellen der Werte
10) Auslöseknopf
11) Einstellrad
12) Hauptschalter
13) Taste für manuelle Belichtungskorrektur
14) Shift-Taste
15) Zentrales Flüssigkristalldisplay (LCD)
16) Blitzschuh
17) Taste für Betriebsart der Belichtungsmessung
18) Doppeltaste Betriebsart der Belichtung / automastisch ausgewogenes Aufhellblitzen
19) Doppeltaste Selbstauslöser / Blitz-Synchronisation auf zweiten Vorhang
20) Doppeltaste Filmtransportart / Aktivieren des manuellen AF-Schärfespeichers
21) Doppeltaste Umschalten auf DX-Automatik / Einstellung der Filmempfindlichkeit

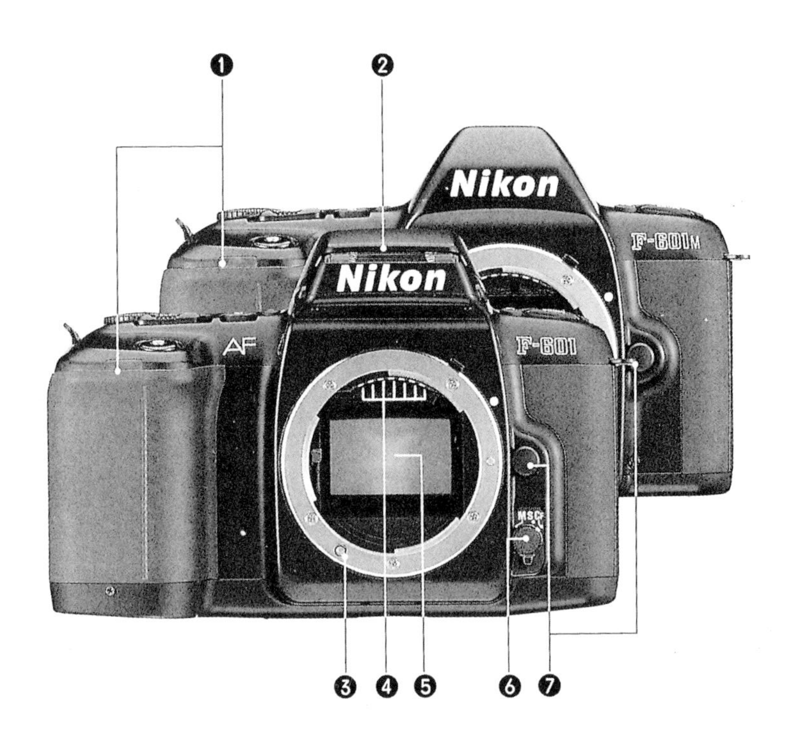
Nikon
F-601M
Nikon
AF
F-601
MSCF

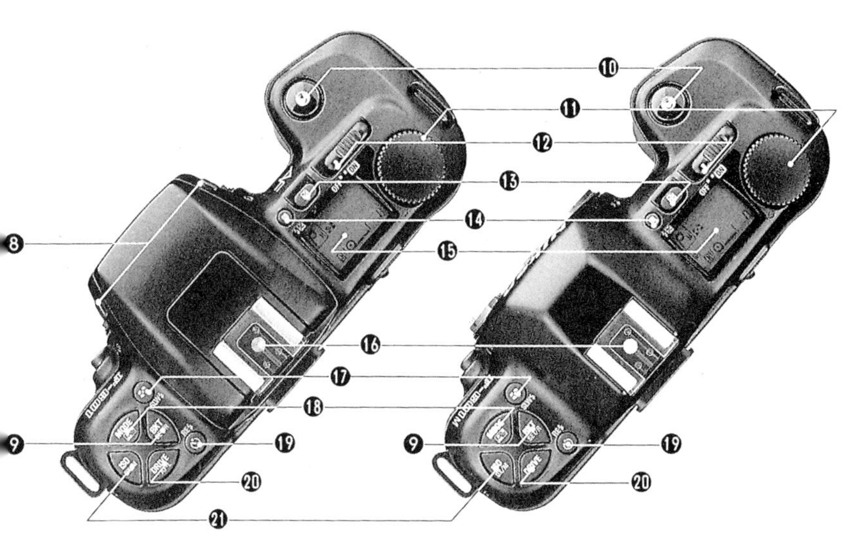

22) *Sucher-Okular*
23) *Kombinierter Schiebeschalter Belichtungsmeßwert- / manueller AF-Schärfespeicher*
24) *Filmpatronenfenster*
25) *Stativgewinde*
26) *Batteriefach mit Entriegelungsknopf*
27) *Rückspulentriegelungsschiebeknopf*
28) *Rückspulknopf*

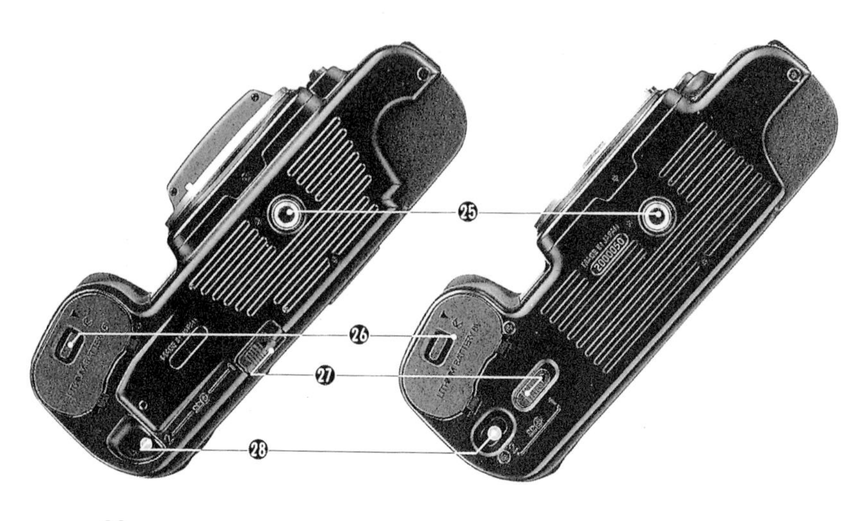

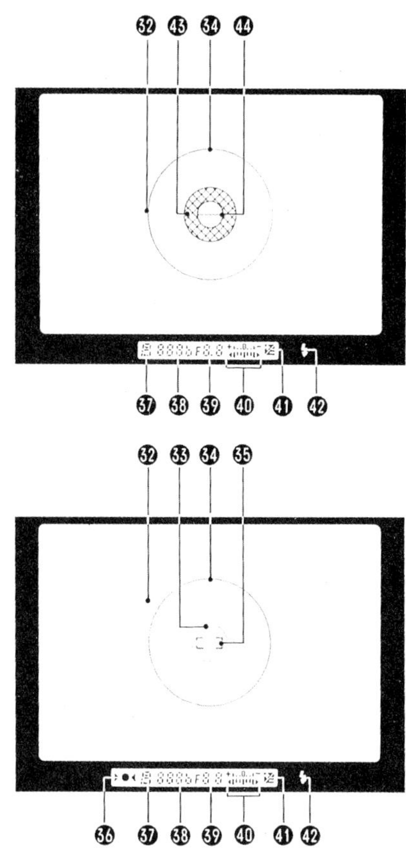

29) Kontakte für DX-Automatik
30) Verschlußvorhang
31) Filmandruckplatte
32) Klare Sucherscheibe
33) Meßfeldmarkierung für Spotmessung (nur F-601 AF)
34) Meßfeldmarkierung für mittenbetonte Messung
35) Meßfeldmarkierung für Autofokus (nur F-601 AF)
36) AF-Schärfeindikator (nur F-601 AF)
37) Belichtungsbetriebsart
38) Verschlußzeit / Filmempfindlichkeit / Anzahl der Aufnahmen bei Belichtungsreihe
39) Blendenwert / Belichtungskorrekturwert
40) Analoge Balkenanzeige / Lichtwaage / Belichtungskorrekturwerte
41) Aktivierung der Belichtungskorrektur
42) Blitzkontrolleuchtdiode

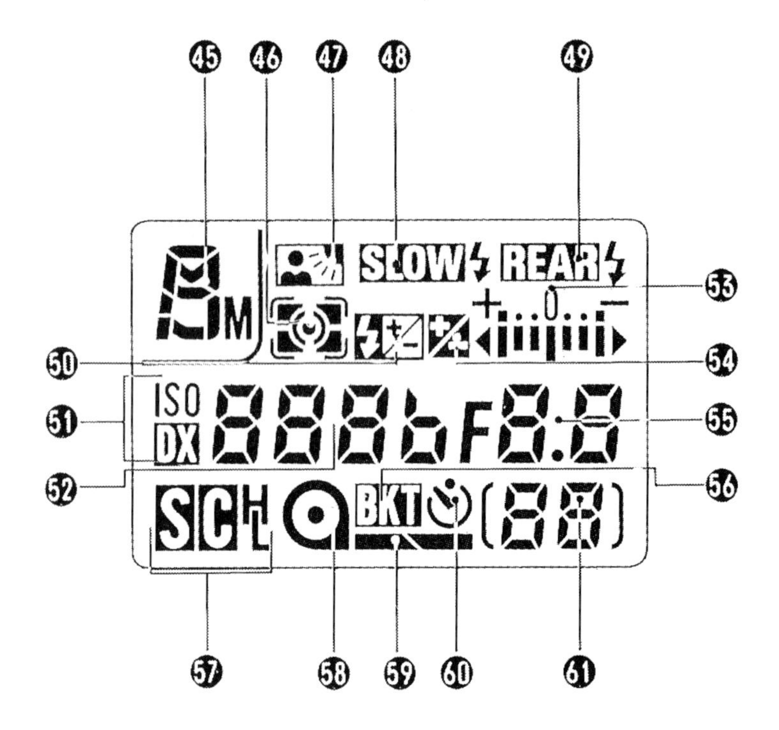

43) *Mikroprismenring (nur F-601M)*
44) *Schnittbild-Entfernungsanzeige (nur F-601M)*
45) *Belichtungsbetriebsart*
46) *Betriebsart der Belichtungsmessung*
47) *automat. Aufhellblitz aktiviert*
48) *SLOW-Blitzfunktion aktiviert*
49) *Blitzsynchronisation auf 2. Vorhang aktiviert*
50) *manuelle Blitzkorrektur aktiviert*
51) *Filmempfindlichkeitseinstellung DX / Manuell*
52) *Verschlußzeit / Filmempfindlichkeit / AF-Schärfespeicher / Anzahl der Bilder bei automat. Belichtungsreihe*
53) *Analoge Balkenanzeige / Lichtwaage / Belichtungskorrekturwerte*
54) *manuelle Belichtungskorrektur aktiviert*
55) *Blendenzahl / Belichtungskorrekturwert*
56) *automatische Belichtungsreihe aktiviert*
57) *Filmtransport-Betriebsart*
58) *Filmkontrolle (Ladung)*
59) *Filmkontrolle (Transport)*
60) *Selbstauslöser aktiviert*
61) *Bildzählwerk / Anzahl der verbleibenden Aufnahmen bei automat. Belichtungsreihe / verbleibende Zeit die Selbstauslösung*

Elektronische statt mechanischer Einstellung

Prinzip: Bei der F-601 werden alle Funktionen und Werte durch elektrische Impulse eingestellt. Normalerweise wird durch Drücken einer bestimmten Taste die gewünschte Funktion aktiviert und durch zusätzliches Drehen am Einstellrad der gewünschte Zahlenwert oder die spezielle Betriebsart eingestellt. Mit der Shifttaste werden normalerweise doppeltbelegte Funktionstasten umgeschaltet.

Vor- und Nachteile: Der Ersatz der traditionellen mechanischen Einstellelemente durch Elektronik pur, ist bei der F-601 nach meinem Geschmack nicht ganz so überzeugend gelungen wie bei der F-801. Klar, wie schon bei der F-801 wäre die Unmenge an Funktionen mit klassischer Einstellmechanik gar nicht zu bewältigen. Es gibt also gute Gründe, konsequent auf elektronische Schalter umzustellen. Doch da im Unterschied zur F-801 bei der F-601 ein Teil der Tasten doppelt belegt ist und noch weitere dazukamen, ist eine «blinde» Bedienung fast nicht mehr möglich. Allerdings muß ich diese Kritik insofern einschränken, als die wirklich wichtigen Funktionen auch bei der Nikon F-601 gut und logisch einstellbar sind.

Kontrollzentrum - das zentrale LC-Display

Betrachten wir noch einmal näher das zentrale LC-Display (s. nebenstehende Abbildung)! Links oben wird die aktuell eingestellte Belichtungsfunktion (A, S, P, PM oder M) angezeigt. Rechts oben daneben die Anzeige für die Aufhellblitzautomatik, die SLOW-Blitzfunktion und die REAR-Blitzfunktion. Darunter die Anzeigen der Belichtungsmessung (Matrix, mittenbetont oder bei der F-601AF auch Spot), manuelle Blitzkorrekturen und manuelle Belichtungskorrekturen. Der Analog-Balken daneben ist identisch mit der entsprechenden Sucheranzeige. Dieses Balkendisplay erscheint nur bei Bedarf: In Betriebsart M als Lichtwaage; in den anderen Belichtungsarten als Über- oder Unterbelichtungswarnung; beim Aufhellblitzen, um das Verhältnis zum Umgebungslicht anzuzeigen; bei der *manuellen Blitzbelichtungskorrektur* zur Anzeige der Korrektur der Blitzdosie-

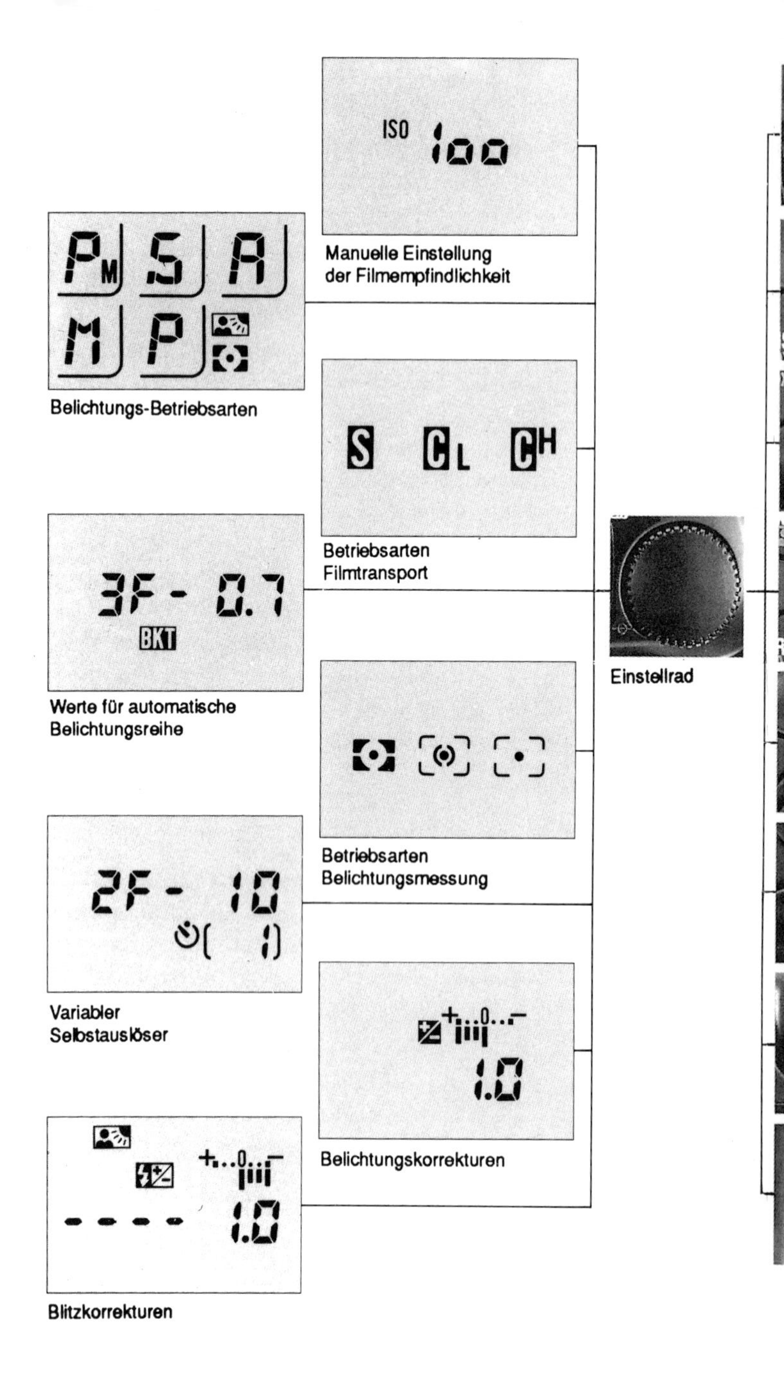
ISO 100
Manuelle Einstellung der Filmempfindlichkeit
Belichtungs-Betriebsarten
Betriebsarten Filmtransport
BKT
Werte für automatische Belichtungsreihe
Einstellrad
Betriebsarten Belichtungsmessung
Variabler Selbstauslöser
Belichtungskorrekturen
Blitzkorrekturen

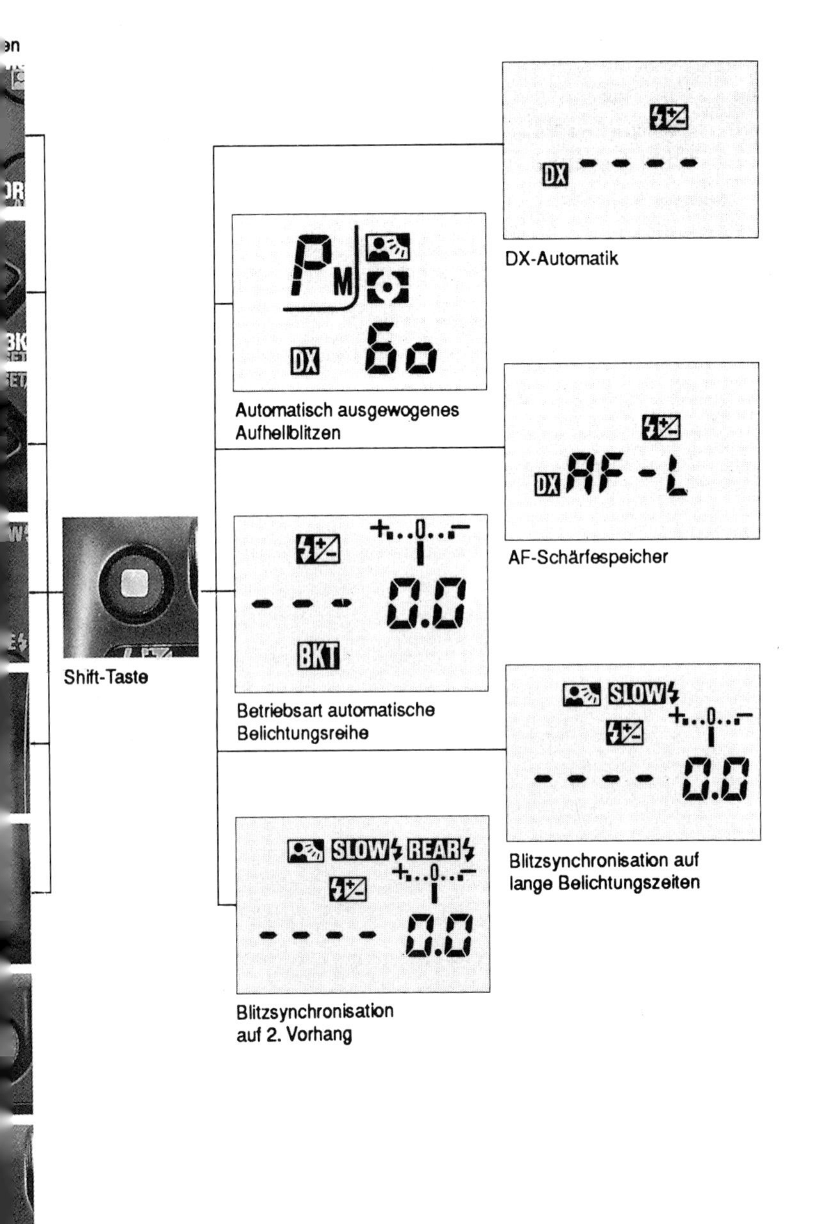

DX-Automatik

Automatisch ausgewogenes Aufhellblitzen

AF-Schärfespeicher

Shift-Taste

Betriebsart automatische Belichtungsreihe

Blitzsynchronisation auf lange Belichtungszeiten

Blitzsynchronisation auf 2. Vorhang

Das Prinzip der Elektronischen Einstellung: *Kombination von Funktionstasten und Einstellrad*

rung. Bei Blitz- und Belichtungskorrekturen erscheint zusätzlich zum Korrektur-Symbol das analoge Balkendisplay und zeigt den eingestellten Korrekturwert an (Belichtungskorrekturen von -1 bis +1 in 1/3 Belichtungsstufen bzw. Blitzkorrekturen von +1 bis -3). Zusätzlich erscheint direkt unter dem Analogbalken in der zweiten Hauptzeile der jeweilige Korrekturwert digital als zweistelliger Zahlenwert in Lichtwerten (EV = Belichtungsstufen bzw. «Blendenstufen»).
Links zu Beginn der zweiten Hauptzeile, die Anzeige der Filmempfindlichkeit. Bei Einstellung auf DX-Automatik ist ständig «DX» sichtbar. Bei manueller Einstellung der Filmempfindlichkeit erscheint der aktuelle Wert nur bei Drücken der ISO-Taste. Daneben wird die jeweils aktuelle Belichtung in Verschlußzeit und Blendenwert angezeigt. Angezeigt werden nur auf ganzzahlig gerundete Blendenwerte bzw. die «glatten» Belichtungszeiten der internationalen Verschlußzeitenreihe (.... 1/60s, 1/30s, 1/15s, 1/8s, 1/2s, 1s, 2s ....). Intern rechnet und belichtet die F-601 natürlich ganz genau mit allen Zwischenwerten für Blende und Verschlußzeit! In der zweiten Hauptzeile erscheinen statt der Belichtungswerte bei Aktivierung der manuellen Schärfespeicherung das Symbol AF-L, bei Belichtungsreihen die Anzahl der Bilder und die Belichtungsabstufung, bei Selbstauslösung die aktuelle Vorlaufzeit und die Anzahl der Belichtungen (1F oder 2F), bzw. bei Überbelichtungsgefahr, Unterbelichtungsgefahr oder falscher Blendeneinstellung bei Programmautomatik die jeweiligen Warnsymbole.
In der untersten Zeile des LC-Displays ganz links die Anzeige des motorischen Filmtransports (S, CH, CL). Daneben ein Patronensymbol, das anzeigt, ob ein Film eingelegt ist, und ein Filmsymbol als Transportkontrolle. Blinkt dieses Symbol, klemmt der Film oder ist gerissen. Über dem Filmsymbol die kleinen Anzeigen für Belichtungsreihe und Selbstauslöser. Beide erscheinen nur, wenn diese Funktionen aktiviert sind. Daneben die Anzeige des Filmzählwerks, das auch beim Rückspulen exakt anzeigt. Blinkt das Filmzählwerk «FE», ist der Film nicht richtig eingelegt oder zu Ende, bei Anzeige «E» ist kein Film eingelegt.

Stromversorgung und Batteriewechsel

Bei der F-601AF muß die Stromversorgung die Energie für den Filmtransport, den Verschluß, Schwingspiegel und Springblende, die Meß- und Regelelektronik, die automatische Scharfstellung der Objektive und evtl. für den eingebauten Blitz liefern. Es ist wohl klar, daß bei einer solchen Kamera ohne Batterien nichts mehr läuft. Statt auf die weltweit in bewährter Qualität billig erhältlichen Mignonzellen setzt Nikon bei der F-601 auf den 6 Volt-Lithiumblock (Typ CR P2P / DL 223A).

Vor- und Nachteile der Lithiumbatterietechnik: Der Lithiumblock hat mit 1300 mAh im Vergleich zu vier frischen Alkalimangan-Mignonzellen (2200mAh) nur ca. 60% des Energieinhalts und kostet ca. das 2.5-fache (ca. 10 Mark zu ca. 25 Mark). Dazu ist er wie ich gleich schmerzlich feststellen mußte, nicht überall erhältlich. Aber er hat auch Vorteile! Er ist nämlich im Vergleich zu vier Alkalimangan-Mignonzellen ca. 30% kleiner und ca. 60% leichter und vor allem fast unbegrenzt ohne Kapazitätsverlust (nur 10% in 10 Jahren) lagerfähig. Auch wenn die Kamera mal ein paar Monate ungenutzt im Schrank liegt, ist sie sofort wieder betriebsbereit. So gesehen ist die Stromversorgung der F-601 sogar besonders amateurgerecht. Wer unbedingt jede Woche 10 Filme durchziehen muß, sollte eben eher zur semiprofessionellen F-801 oder gar zur professionellen F4 greifen. Darüberhinaus enthalten die Lithiumbatterien keine giftigen Schwermetalle, so daß weder bei Deponierung noch bei Verbrennung Umweltschäden zu befürchten sind.

Batterieüberwachung: Die Versorgungsspannung von 6 Volt ist reichlich bemessen: Solange es noch irgendwie für die Motoren reicht, reicht es für die richtige Belichtungs- und Entfernungsmessung allemal. (Nach meinen Tests steigt die F-601 erst bei ca. 5.3 Volt Batteriespannung aus). Falsch belichtete oder unscharfe Aufnahmen aufgrund abschlaffender Batterien sind also ausgeschlossen. Im übrigen dient die Abschaltautomatik der Sucheranzeige zur Überwachung der Batteriespannung: Bei frischer Batterie sollte die Zeit bis zur Abschaltung ca. 8s betragen, bei gerade noch brauchbarer Batterie ca. 2s. Schaltet die Anzeige schneller ab, beginnt unmotiviert zu blinken oder zeigt sonstige «Geistereffekte», sollten Sie es unbedingt mit einer neuen Batterie versuchen.

Batterieverbrauch der F-601AF: Ein frischer Batterieblock reicht bei 20°C ohne Blitzeinsatz laut Nikon für ca. 75 Filme à 36 Aufnahmen, mit 50%-igem Blitzeinsatz für ca. 16 Filme. Im Praxistest kam ich bei relativ häufigem Blitzeinsatz und sehr viel «Autofokus-Spielerei» auf 12 Filme.

Batterieverbrauch der F-601M: Ein frischer Batterieblock reicht bei 20°C ohne Blitzeinsatz laut Nikon für ca. 140 Filme à 36 Aufnahmen. Denn es fehlen als Stromverbraucher der eingebaute Blitz und der Autofokus.

Batterieversorgung bei Kälte: Der größte Feind der Batterien ist die Kälte. Wenn das auch für Lithiumbatterien gilt, so schneiden sie doch relativ gut ab. Mit frischem Lithiumbatterieblock funktioniert die F-601 jedenfalls bis ca. -10°C. Allerdings müssen Sie beachten, daß bei Kälte, verglichen mit normalen Temperaturen, nur noch ca. 1/3 - 1/6 der Aufnahmemenge pro Batteriesatz möglich ist.

Batterietips:
- Halten Sie stets einen frischen Lithiumblock in Reserve.
- Vergessen Sie vor allem auf Reisen niemals die Reserve batterie.
- Bewahren Sie im Winter die Reservebatterie in der warmen Hosentasche auf.

Filmeinlegen und Rückspulen

Filmeinlegen: Legen Sie die Filmpatrone von unten in die Filmkammer ein, vergewissern Sie sich, daß die Rückspulgabel in der Patrone eingerastet hat. Klemmen Sie nun mit dem linken Daumen die Patrone in der Filmkammer fest, und ziehen Sie mit der rechten Hand das Filmende so weit heraus, bis die rote Markierung der Filmeinfädelung erreicht ist. Kontrollieren Sie, ob die Zähne der Transportwalze die Perforation des Filmes fassen. Jetzt müssen Sie nur noch den Rückwanddeckel

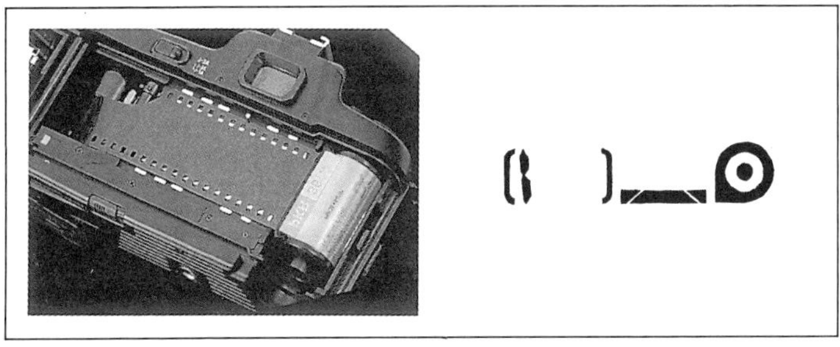

Filmeinlegen bei der F-601

schließen, einmal auslösen und der Film wird automatisch bis Bild 1 transportiert.

Fehlermöglichkeiten: Ärger kann es nur geben, wenn der Film beim Einlegen nicht weit genug oder zu weit herübergezogen wurde. Auf Grund der vielen Filme, die ich in die F-601 eingelegt habe, kann ich sagen, daß es dabei auf 1 mm mehr oder weniger nicht ankommt. Wenn Sie nicht sicher sein sollten, ob das Filmeinlegen tatsächlich geklappt hat: Ein Blick auf das Filmzählwerk des LC-Displays genügt. Der Filmtransport wird nämlich in der Filmkammer elektronisch abgetastet und nur tatsächlicher Transport gezählt. Ist der Film nicht richtig eingelegt, klemmt oder ist gerissen, warnt überdies das Blinken des Filmtransportsymbols auf dem LC-Display.

Filmende: Bei Erreichen des Filmendes blinkt im zentralen LC-Display «End» und die Kamera löst nicht mehr aus. Weitere Auslöseversuche werden durch blinken von «Err» quittiert.
Rückspulen: Rückspulschieber und Rückspulverriegelungsknopf gleichzeitig drücken, und schon beginnt automatisch das Rückspulen des Filmes. Das Zählwerk zählt dabei mit! Ist das Filmende erreicht, steht das Filmzählwerk und die Filmtransportkontrolle am LC-Display auf leer («E») und der Rückspulmotor schaltet ab.

Vollständiges Rückspulen: Die F-601 spult den Film völlig, mitsamt dem Anschnitt, in die Patrone zurück. Ich persönlich finde, das vollständige Einziehen hat mehr Vorteile als Nachteile. Zum Beispiel, daß man auch in der größten Hitze des Gefechtes einen unbelichteten niemals mit einem belichteten Film verwechseln kann. Ein weiterer Vorteil: Ein völlig zurückgespulter Film kann im Fotolabor nicht zu temperamentvoll aus der Patrone gerissen werden. Das herausstehende Filmende mag zwar dem Fotolaboranten die Arbeit erleichtern, doch all zu leicht entstehen auf diese Weise Kratzer, Verblitzungen und staubträchtige elektrostatische Aufladungen. Bei hochempfindlichen Filmen ab ISO 1000 kann es allerdings vorkommen, daß bei voll zurückgespultem Film das Licht, das durch das Kassettenmaul eindringt die ersten Bilder nachträglich verschleiert. Hier sollten Sie sofort nach dem Zurückspulen ein Stück schwarzes Klebeband über das Maul kleben, oder die Filmpatrone in Alufolie einwickeln.

Unvollständiges Rückspulen: Das Rückspulen kann bei der F-601 nur durch Öffnen der Rückwand unterbrochen werden. Wenn man also auf das Filmzählwerk schaut, kann so z.B. ein unvollständig belichteter Film nur bis zum Anschnitt zurückgespult und später wieder eingelegt werden. Übrigens gibt es von der Firma Hama einen speziellen «Filmzieher», mit dem eingezogene Filme über das Patronenmaul wieder «herausgeangelt» werden können. Alternative: Für ca. 70 Mark läßt man sich vom Nikon-Service die F-601 auf «Einzug bis auf Filmlasche» umprogrammieren.

Filmempfindlichkeitseinstellung

Wie fast alle Kamerahersteller gibt Nikon die Filmempfindlichkeit nicht als Kombination der alten ASA- und DIN-Zahlen an, sondern verwendet stillschweigend die alten ASA-Werte als neue ISO-Werte. Auch wenn es manchem nicht gefällt, wenn es früher ASA 100 hieß, so heißt es heute eben meist ISO 100 statt ISO 100/21°.

Manuelle Einstellung der Filmempfindlichkeit: Vergewissern Sie sich durch Drücken der ISO-Taste, ob die Kamera auf DX-Automatik steht. Falls ja, drücken Sie zunächst die Shift-Taste und schalten dann durch zusätzliches Drücken der ISO-Taste auf «manuell» um. Nach Loslassen der Shift-Taste erscheint nun

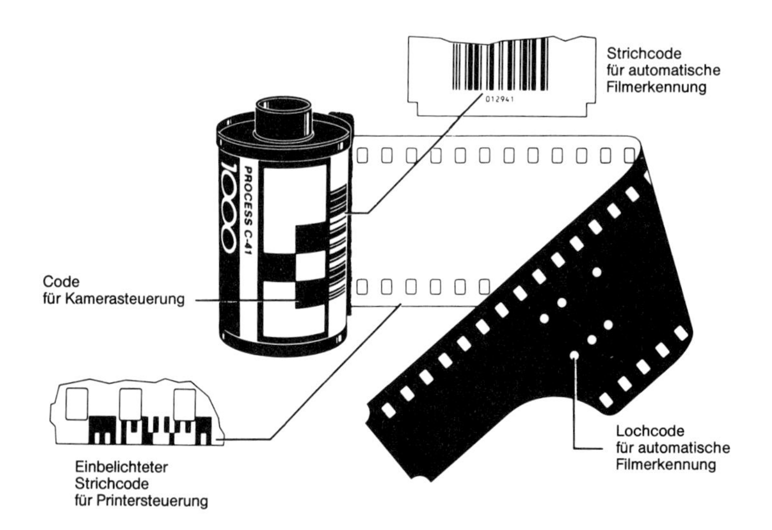

statt «DX» das Symbol «ISO» und irgendein Wert. Diesen Wert können Sie nun durch Drücken der ISO-Taste und gleichzeitiges Drehen am Einstellrad beliebig zwischen ISO 6 und ISO 6400 einstellen.

DX-Automatik: Stellen Sie durch Drücken der Shifttaste und zusätzlich der ISO-Taste auf «DX», liest die DX-Automatik zwischen ISO 25 und ISO 5000 automatisch die Filmempfindlichkeit der eingelegten Patrone und zeigt sie bei Druck auf die ISO-Taste am LC-Display an.

Funktionsweise der DX-Automatik: Wie alle modernen Kameras besitzt die F-601 eine DX-Einrichtung zur automatischen Abtastung der Filmempfindlichkeit. Die meisten Filmpatronen haben verschlüsselte, maschinenlesbare Informationen aufgedruckt. Da gibt es zunächst den optischen Strichcode aus schwarzen Streifen, der Filmhersteller, Filmtyp und Filmempfindlichkeit angibt. Ein ähnlicher Strichcode befindet sich auf den Filmrändern vieler Filme, und manche haben auf dem Filmanfang, dem Filmanschnitt, noch einen zusätzlichen Lochcode. All diese Codes sind vor allem für die Verarbeitung im Labor gedacht. Von Kameras mit DX-Automatik wird der Widerstandscode genutzt: Anhand eines Musters von metallisch blanken (also elektrisch leitenden) und von lackierten, nichtleitenden Flächen, kann die Kamera über elektrische Kontakte die Filmempfindlichkeit direkt in die Belichtungelektronik einlesen. Wenn Sie einen DX-codierten Film eingelegt haben und die Filmempfindlichkeit auf «DX» eingestellt ist, wird also automatisch die richtige Filmempfindlichkeit von der Kamera eingestellt.

Warnanzeige bei Einlegen uncodierter Filme: Unproblematisch ist es bei der F-601, wenn Sie mit DX-Automatik eine nicht DX-codierte Filmpatrone einlegen. Denn dann blockiert der Auslöser und auf der LC-Anzeige blinkt «DX-Err». Fehlbelichtungen sind also ausgeschlossen.

Fehlermöglichkeiten der DX-Automatik: Wenn Sie einen Film frisch aus dem Kühlschrank in die Kamera einlegen, kann das Kondenswasser auf der Patronenoberfläche die DX-Automatik irritieren. Den gleichen Effekt hat das Einlegen der Patronen mit schweißnassen oder schmutzigen Fingern. Die DX-Automatik mißt dann eventuell falsche Widerstandswerte, was letztlich zu falscher Einstellung der Filmempfindlichkeit führen kann. Ohne daß Sie gewarnt werden!

Wann besser manuell einstellen: In allen Fällen, in denen Sie den gesamten Film mit einer gleichbleibenden Belichtungskorrektur belichten wollen, machen Sie das am besten über die manuelle Einstellung der Filmempfindlichkeit. Oft stimmt auch die vom Hersteller angegebene Empfindlichkeit nicht exakt mit der tatsächlichen überein, auch hier empfiehlt sich manuelle Einstellung. Bei meinen Probeaufnahmen für dieses Buch habe ich z.B. oft 100er Diafilme wie ISO 125 belichtet. Hätte ich das über die Belichtungskorrektur gemacht, wäre ich in allen Fällen, in denen ich noch zusätzliche motivbedingte Belichtungskorrekturen hätte einstellen wollen, sicher durcheinander gekommen.

Tips für sichere Einstellung der Filmempfindlichkeit:

- Achten Sie mit DX-Automatik darauf, daß die Patronen beim Einlegen stets sauber und trocken sind!
- Stellen Sie in allen Zweifelsfällen die Filmempfindlichhkeit manuell ein!

Technische Besonderheiten

Das Suchersystem

Auch im Autofokuszeitalter ist der Sucher nach wie vor einer der wichtigsten Bestandteile einer guten Kamera. Woher sollten Sie auch sonst wissen, wieviel vom Motiv und in welcher Größe und Perspektive aufs Bild kommt. Die High-Eye-Point-Sucheroptik der F-601 ist dieselbe wie bei F-801 und F4 und somit das beste, was derzeit in Spiegelreflexkameras zu finden ist. Die High-Eye-Point-Sucheroptik ermöglicht es auch auf Distanz das Sucherbild noch voll zu überblicken. Für den Durchschnittsfotografen ist das erfreulicher Luxus, für Brillenträger und Sportfotografen ist es eigentlich eine Notwendigkeit. Hervorragend ist auch die helle, klare Einstellscheibe. Ihr besonders regelmäßiges und feines Oberflächenfinish bietet auch noch bei wenig Licht und bei Objektiven mit geringer Lichtstärke gute manuelle Scharfstellmöglichkeit. Eingebaut ist in die F-601AF die Universal-Einstellscheibe Typ B und in die F-601M der Typ K (Keine AF-Scharfstellfeld- und keine Spot-Messungsmarkierung). Nützliches Sucherzubehör sind für leicht Fehlsichtige die Korrektionslinsen. Ich persönlich, als Brillenträger, halte allerdings das ständige Tragen der Brille für weitaus praktischer. Die Sucherlupe DG-2 (mit Adapter Art.Nr. FXA 10193) braucht nur der Makrofan.

Der Verschluß

Verschlußzeiten: Die F-601 bietet Verschlußzeiten von 30s bis 1/2000s. Sieht man einmal von den superkurzen Zeiten bis 1/8000s ab, die die F-801 und F4 bieten, reicht das für fast alle Aufnahmen auch schneller Objekte.

Funktionsweise des Schlitzverschlußes: Der Verschluß der F-601 ist ein vertikal ablaufender, elektronisch gesteuerter Metallschlitzverschluß aus einer verschleißfesten Metall-Legierung.

Vor allem um die Probleme der Blitzsynchronisation verstehen zu können, ist es nützlich die prinzipielle Funktionsweise von Schlitzverschlüssen zu kennen. Die Belichtungszeiten werden beim Schlitzverschluß durch zwei nacheinander ablaufende Verschlußvorhänge gebildet. Eine Belichtungszeit von z.B. 1s kommt folgendermaßen zustande: Der erste Vorhang, der das Negativ voll abdeckt, geht relativ schnell auf und gibt das Negativ zur Belichtung frei. Genau 1s nachdem dieser erste Vorhang gestartet ist, folgt der zweite nach und deckt das Negativ wieder ab. Da die Stellen, die der Vorhang als erste freilegte, auch wieder als erste abgedeckt werden, erfolgt tatsächlich eine einheitliche Belichtung von 1s Dauer über das ganze Negativ. Schwieriger wird es bei kurzen Zeiten, denn je kürzer die Zeit, desto schneller muß der zweite Vorhang dem ersten folgen. So wird z.B. 1/125s bei der F-601 folgendermaßen gebildet: Der erste Vorhang startet, erreicht gerade nach 1/125s die andere Seite und das ganze Bild ist freigegeben. Im selben Moment läuft auch schon der zweite Vorhang nach. Das bedeutet, daß noch kürzere Zeiten wie 1/125s nur noch erreicht werden können, wenn der zweite Vorhang dem ersten bereits nachfolgt, bevor dieser die andere Seite erreicht hat. Bei kürzeren Zeiten als 1/125s wird also die Belichtung nicht mehr durch eine vollständige Öffnung des Verschlusses erreicht, sondern durch einen am Negativ vorbei wandernden Schlitz. Daher auch der Name Schlitzverschluß. Wie lange die effektive Belichtungszeit ist, wird sowohl von der Wanderungsgeschwindigkeit dieses Schlitzes als auch von seiner Breite bestimmt. Bei welcher kürzesten Zeit der Verschluß gerade noch vollständig geöffnet ist, hängt von der maximalen Ablaufgeschwindigkeit der Vorhänge ab.

Dieses Idyll im Gewächshaus wurde bei manueller Scharf- und Belichtungseinstellung mit einem relativ grobkörnigen SW-Film und einem leichten Diffusorfilter aufgenommen. Nach dem Vergrößern wurde es grün getont und wieder auf Farbdia reproduziert. Foto: Wolf Huber ⇨

Blitzsynchronisation

Blitzsynchronzeiten: Auch die kürzestmögliche Blitzsynchronzeit der Nikon F-601 von 1/125s, hängt mit dem oben geschilderten Verhalten des Schlitzverschlusses zusammen. Der Blitz darf nämlich erst gezündet werden, wenn der Verschluß voll über die ganze Bildbreite geöffnet ist, und das ist bei der F-601 ab 1/125s der Fall. Würde der Blitz gezündet, bevor der Verschluß voll geöffnet ist, also bei kürzeren Zeiten als 1/125s, kommen unvollständig belichtete Bilder zustande. Dies ist mit der F-601 bei Verwendung Nikon-kompatibler Systemblitze aber nicht möglich. Sowie das System-Blitzgerät eingeschaltet ist, können nur noch Verschlußzeiten von 1/125s und länger eingestellt werden.

Variable Synchronzeiten: Verschluß und Elektronik der F-601 ermöglichen, je nach Betriebsart, Blitzsynchronisation wahlweise mit Verschlußzeiten von 30s bis 1/125s. Damit erreicht die Nikon F-601 nicht nur automatisch gesteuertes Aufhellblitzen optimaler Qualität sondern auch eine ganze Reihe interessanter «Wischeffekte». Sie finden das in den Blitzkapiteln in diesem Buch näher beschrieben.

<<SLOW>>-Blitzfunktion: Während die F-601 in Verbindung mit allen Nikon-Systemblitzgeräten (inkl. eingebautem Blitz, bei der F-601AF) in allen Belichtungsautomatiken mit Einschalten des Blitzgeräts die Kamera automatisch auf die dem Umgebungslicht entsprechende kürzestmögliche Blitzsynchronzeit bei Zeit- und Programmautomatik von 1/Brennweite (längstens 1/15s mit 20mm) bis 1/125s einschaltet, werden mit der SLOW-Funktion Blitze mit längeren Verschlußzeiten möglich. Dabei wählt die Kamera je nach Helligkeit und eingestellter Automatik eine Belichtungszeit, die bis zu einigen Sekunden lang sein kann und dosiert den dazukommenden Blitz entsprechend. Eine gute Möglichkeit z.B. für Actionfotos mit einem das scharfe Blitzbild überlagernden Wischeffekt.

Dieses historische, kolorierte Porträt wurde auf dem Flohmarkt entdeckt und dort direkt abfotografiert. In solchen Fällen bewährt sich hier ein leichtes Tele mit Makroeinstellung. Foto: Wolf Huber

<<REAR>>, Synchronisation auf zweiten Verschlußvorhang: Interessant ist auch die Möglichkeit, die Blitzauslösung auf den zweiten Verschlußvorhang der Kamera zu synchronisieren. Im Unterschied zur F-801 geht das bei der F-601 mit jedem der System-Blitzgeräte. Den Unterschied sieht man nur mit relativ langen Verschlußzeiten und bei Blitzaufnahmen von bewegten Objekten mit merklichem Restlicht. Während bei herkömmlicher Synchronisation auf den ersten Verschlußvorhang das bewegte Objekt seine Bewegungsleuchtspur «vor sich herschiebt», zieht es bei Synchronisation auf den zweiten Vorhang, wie es der natürlichen Sehweise entspricht, die Leuchtspur nach.

Automatisch ausgewogenes Aufhellblitzen

Automatische Belichtungskorrektur beim TTL-Blitzen: Im Unterschied zu herkömmlichen Kameras, ist bei der F-601 (wie schon bei der F-801) das Blitzen nicht nur TTL-gesteuert. Entsprechend der normalen Belichtungsmessung vor Auslösen des Blitzes, wird das vorhandene Restlicht und der Motivkontrast berücksichtigt. Dementsprechend werden je nach Automatik (<<P>>, <<A>>, <<S>>) Synchronzeit und/oder Blende automatisch vorgewählt und zusätzlich die Blitzleuchtzeit vorkorrigiert. Bei der Belichtung erfolgt dann auf Grundlage dieser Voreinstellung eine ganz normale TTL-Steuerung. Ergebnis sind besonders «mild» dosierte Blitze, was vor allem beim Aufhellen aber auch bei Vorhandensein von Restlicht zu angenehm «ungeblitzt» wirkenden Bildern führt.

Zusätzliche, manuelle Korrektur des Blitzes: Bei der F-601 können beim Blitzen zusätzlich zur Automatik auch noch manuelle Korrekturen eingestellt werden, die nicht auf die Belichtung insgesamt sondern nur auf das Blitzlicht wirken. Dies ist ideal beim Aufhellen im Nahbereich.

Motorischer Filmtransport

Die Nikon F-601 bietet Ihnen drei Filmtransporteinstellungen. ***Single <<S>>:*** Für Einzelbilder - pro Auslösung wird ein Bild belichtet.

Serie <<CL>>: Für Serienbilder - es wird mit 1,2 Bildern in der Sekunde immer wieder ausgelöst, solange der Auslöser gedrückt bleibt.

Serie <<CH>>: Für schnelle Serienbilder - es wird mit 2 Bildern in der Sekunde immer wieder ausgelöst, solange der Auslöser gedrückt bleibt.

Einstellen des Filmtransports: Verstellt wird der Filmtransport durch Drücken der DRIVE-Taste und gleichzeitiges Drehen am Einstellrad.

Nachteile des motorischen Filmtransports: Trotz jahrelangem Arbeiten mit motorischem Filmtransport, habe ich gewisse Vorbehalte gegen Winder und Motordrives nie völlig aufgeben können. Der motorische Filmtransport ist einfach zu laut, um unbemerktes Fotografieren zu erlauben. Aber man kann diesen Nachteil so gut es geht von vorneherein einkalkulieren.

Vorteil beim automatischen Filmeinfädeln: Der eingebaute Motor bringt auch eine ganze Reihe unbestreitbarer Vorteile. Denken Sie nur an die automatische Filmeinfädelung, die elektronisch so gut überwacht ist, daß Fehler so gut wie ausgeschlossen sind. Jedenfalls kenne ich keine Kamera mit manuellem Filmtransport, die ähnliches bietet.

Vorteile des motorischen Filmtransports bei Reproduktion und Makroaufnahmen: Eine gute Hilfe ist der motorische Filmtransport auch bei Reproduktionen oder bei Nahaufnahmen vom Stativ. Manueller Filmtransport würde die sorgfältig ausgerichtete Kamera nämlich immer wieder dejustieren. Um die Erschütterung gering zu halten, sollten Sie allerdings mit einem Drahtauslöser (oder notfalls mit dem Selbstauslöser) arbeiten.

Kontrolliertes Halten des Bildauschnitts dank motorischem Filmtransport: Bei Aufnahmeserien auf engem Raum ist der Fotograf gezwungen, störende Gegenstände der Umgebung aus dem Bild zu halten. Hier verhindert der motorische Filmtransport ein unbemerktes Verreißen des Bildausschnitts.

Schnelle Schußfolge dank Motor: Egal, ob die aus der Kirche strömende Hochzeitsgesellschaft, Fußballspiel oder spielende Kinder, zum Filmtransport muß die Kamera nicht vom Auge genommen werden. So bleibt das Motiv stets anvisiert und die Ausbeute an gelungenen Aufnahmen steigt dadurch mit Sicherheit. Ob Sie solche Serien besser mit <<S>>, <<CL>> oder <<CH>> aufnehmen, hängt sehr vom Motiv ab. Je hektischer es zugeht, desto mehr empfiehlt sich die Serienschaltung.

Automatische Belichtungsreihen

Die Funktion <<BKT>> der F-601 ermöglicht eine automatische Belichtungsreihe. Wahlweise gibt es eine Belichtungsreihe mit 3 Bildern oder eine mit 5 Bildern, die Belichtungsunterschiede sind mit entweder 0.3, 0.7 oder 1.0 Belichtungsstufen (= EV-Werte bzw. «Blendenstufen») programmierbar. Vor allem beim Fotografieren mit Diafilm kann man trotz Matrix-Messung oft nicht sicher sein, ein optimal belichtetes Dia zu bekommen. Bei einer 3er-Serie mit Abstufung 0.7 oder einer 5er-Serie mit Abstufung 0.3 ist jedoch meist das optimale Dia dabei.

Meß- und Regelbereich der Belichtungsmessung und -automatik

Die Filmempfindlichkeit der F-601 stellt sich bei DX-Abtastung von ISO 25 bis ISO 5000 ein. Manuell können Sie Werte von ISO 6 bis ISO 6400 einstellen. Sie müssen jedoch wissen, daß sich die eingestellte Filmempfindlichkeit auf den Meß- und Regelbereich der Kameraelektronik auswirkt. Mit einem ISO-100-Film reicht dieser Bereich mit Matrix-Messung oder mittenbetonter Messung offiziell von Lichtwert 0 (entspricht Blende 1.4 mit 2s) bis Lichtwert 19 (Blende 16 mit 1/2000s). Inoffiziell reicht jedoch der Regelbereich, vorausgesetzt Sie verwenden ein Objektiv mit entsprechend großer Blendenzahl, eventuell bis Lichtwert 21 (Blende 32 mit 1/2000s). Mit Spot-Messung (nur F-601 AF) reicht der Meß- und Regelbereich mit einem ISO-100-Film nur von Lichtwert 4 bis Lichtwert 19. Verwendet man höherempfindliche Filme schränkt sich der Meß- und Regelbereich zu den niederen Lichtwerten hin ein. Mit einem niederempfindlichen Film von ISO 6 kann man dagegen auch noch mit tieferen Lichtwerten belichten.

Matrix-Messung und automatische Belichtungskorrektur

Es gibt Aufnahmesituationen, in denen man sich nicht auf die Belichtungsautomatik verlassen kann. Die in diesen speziellen Fällen erforderlichen Belichtungskorrekturen erfordern jedoch beim Fotografen Mitdenken und Erfahrung. Selbst der ambitionierte Fotograf schaltet heute weder gerne auf manuelle Belichtung um, noch hat er die nötigen Korrekturwerte ständig parat. Auch Belichtungsreihen sind eine relativ umständliche Lösung, denn sie kosten Film und sind bei vielen Motiven nicht möglich. Die F-601 führt in solchen Fällen die nötigen Belichtungskorrekturen auf Grundlage einer Mehrfeldmessung automatisch aus.

Normalerweise mit Matrix-Messung: Die Belichtungsmessung der F-601 können Sie mit der Funktionstaste <<Belichtungsmessung>> und dem Einstellrad zwischen mittenbetonter Integralmessung und Fünf-Feld-Matrix-Messung umstellen (bei F-601AF auch auf Spot-Messung). Die Matrix-Messung können Sie in allen Belichtungsbetriebsarten einsetzen, egal ob mit Programm-, Zeit- oder Blendenautomatik, mit oder ohne Meßwertspeicher (AE-L), ja selbst bei manueller Einstellung. In diesem Meßmodus wertet der Mikrocomputer der F-601 die Meßwerte der fünf Felder so aus, daß bei schwierigen Motiven eine automatische Belichtungskorrektur resultiert. Sie brauchen also weder selbst zu rechnen, noch zusätzliche Einstellungen an der Kamera vorzunehmen!

Technische Voraussetzung für die Matrix-Messung: Voraussetzung ist lediglich die Verwendung von modernen Nikon-Objektiven mit eingebautem Mikroprozessor (CPU), wie den AF-Nikkoren oder dem Nikkor 4.0/500mm P. Bei herkömmlichen Nikon-Objektiven ohne CPU schaltet die F-601 intern automatisch auf Zeitautomatik mit mittenbetonter Messung um. Gleichzeitig macht Sie das LC-Display durch Blinken des Belichtungsbetriebsart-Symbols darauf aufmerksam. (Nikon empfiehlt in solchen Fällen prinzipiell stets auf Zeitautomatik und mittenbetonte Messung umzuschalten!)

Grenzen der Matrix-Messung: Nach mehreren Probefilmen kam ich zum Ergebnis, daß im Vergleich zur mittenbetonten Messung die F-601 mit Matrix-Messung in fast jeder Situationen merklich besser belichtete Fotos liefert. Sehr zuverlässig funktioniert die Matrix-Messung nach meinen Erfahrungen auch beim matrixgesteuerten Blitzen (s. Blitzkapitel). Es gibt jedoch Grenzen:

- *unübersichtlich angeordnete oder filigrane Motive:* Also wenn das Hauptmotiv nicht mindestens 1/3 des Bildfelds ausfüllt und nicht deutlich heller oder dunkler ist als das Restmotiv (typisches Gegenlichtmotiv). Was aber nicht heißt, daß die Matrix-Messung bei «unklaren» Motiven immer schlechter ist als die mittenbetonte Messung!
- *Weiß in Weiß:* Die Berechnung der Belichtungskorrektur der F-601 hängt offensichtlich von der Filmempfindlichkeit ab. So kann es durch Zufall sein, daß sie ein weißes Motiv wie Schnee bei hellem Sonnenschein, tatsächlich wie gewünscht reichlich belichtet. In der Regel wird es jedoch eher zu knapp belichtet werden (der Schnee also vergrauen).
- *Schwarz in Schwarz:* Auch diese Motive, wie der Kaminkehrer im Kohlenkeller, wertet die Matrix-Messung in der Regel falsch und belichtet zu reichlich (d.h. das Schwarz vergraut).
- *Gegenlichtaufnahmen mit niederempfindlichen Filmen bei schlechtem Wetter:* Das wertet die F-601 mit Matrix-Messung evtl. bereits als «Nachtmotiv» und macht keine Aufhellung.

Kinderbilder wie diese erzielt man am einfachsten als Schnappschuß. Mit der F-601 empfiehlt sich hierzu die Programmautomatik <<PM>>.
Foto: Rudolf Dietrich

Notfalls manuelle Belichtungseinstellung: Wer in solchen Fällen besser sein will als die Matrixmeßung, muß auf mittenbetonte Messung (bzw. Spot-Messung) und manuelle Belichtungseinstellung umsteigen. Es empfiehlt sich auch Messung auf Graukarte oder formatfüllendes Anmessen des Hauptmotives.

Technische Ausstattung in Kurzübersicht

Kameratyp: Kleinbild-Spiegelreflex-Kamera mit motorischem Filmtransport, Autofokus-Einrichtung und eingebautem Blitz (nur F-601AF). Das Modell F-601M besitzt keinen eingebauten Blitz und keine AF-Einrichtung.

Filmformat: 35-mm-Film, Aufnahmeformat 24mm x 36mm.

Objektiv-Ansschluß: Nikon-F-Bajonett.

Geeignete Objektive:
- Alle Nikkor-Objektive mit CPU-Kontakten, also alle modernen Nikon AF-Objektive, können mit der F-601 uneingeschränkt in allen Betriebsarten eingesetzt werden.
- AI-S-Nikkore, AI-Nikkore und auf AI umgerüstete Nikkore können mit der F-601 in den Belichtungs-Betriebsarten <<M>> (manuell) und <<A>> (Zeitautomatik) verwendet werden. Matrix-Messung ist nicht möglich, es geht nur Mittenbetonte-Messung und Spot-Messung (letzteres gilt nur für F-601AF).
- AI-S-Nikkore, AI-Nikkore und auf AI umgerüstete Nikkore können mit der F-601AF, wenn Sie eine größere Lichtstärke als 5.6 haben, über den AF-Schärfeindikator scharfgestellt werden.
- Abgeraten wird von der Verwendung des AF-Telekonverters TC 16 A und der alten AF-Nikkore 2.8/80mm und 3.5/200 mm IF, da damit eine richtige Belichtung nicht gewährleistet ist.
- Zu Beschädigungen von Kamera oder Objektiv kann es kommen bei Verwendung einiger Fischaugen-Objektiven und zweier Tele-Nikkore von 400mm und 600mm mit der AU-1 Einstellfassung. Dasselbe gilt für die beiden PC-Nikkore, für einige Super-Tele-Zooms mit längsten Brennweiten von 600mm bzw. 1200mm und Reflex-Nikkore mit Brennweiten von 1000mm bzw

2000mm, deren Verwendbarkeit erst ab einer gewissen Seriennummer möglich ist (sehen Sie in der Bedienungsanleitung!).

Autofokussystem (nur F-601AF): Passiv, TTL-Phasendetektion unter Verwendung von Nikons weiterentwickeltem AM 200 Autofokus-Modul; Lichtempfindlichkeit und Meßbereich von EV -1 bis EV 19 bezogen auf die Filmempfindlichkeit ISO 100.
Bei bewegten Objekten arbeitet der Autofokus mit vorausberechneter Schärfe («Prädiktions-Autofokus»).

Autofokusbetriebsarten (nur F-601AF): <<S>> und <<CF>>. Bei beiden Betriebsarten wird bei bewegten Objekten fortlaufend scharfgestellt («AF-Servo», «Tracking Autofokus»), und es kann nur ausgelöst werden, wenn das Objekt scharfgestellt ist («Schärfepriorität»). Im <<S>>-Modus wird bei unbewegtem Objekt, wenn mit leicht angetipptem Auslöser einmal scharfgestellt ist, diese Scharfstelllung bis zur Auslösung gehalten.

Manueller Schärfespeicher (nur F-601AF): Über AE-L-Schiebeknopf nach vorheriger Aktivierung der AF-L-Funktion, nur zusammen mit gleichzeitiger Belichtungs-Meßwertspeicherung.

AF-Scharfstellhilfe für manuelles Scharfstellen (nur F-601AF): Diese elektronische Entfernungsmessung funktioniert mit allen AF-Nikkoren sowie mit allen AI-Nikkoren mit Mindest-Lichtstärke von 5.6.

Belichtungsmessung: Wahlweise mittenbetont (75/25-Gewichtung) oder 5-Feld-Matrix-Messung mit Meßbereich von EV 0 bis EV 19 bei ISO 100 und Objektiv-Lichtstärke 1.4 , sowie Spot-Messung von ca. 1% der Bildfläche (nur F-601 AF) mit Meßbereich von EV 4 bis EV 19 bei ISO 100 und Objektiv-Lichtstärke 1.4. Aktivierung für ca. 8s durch Antippen des Auslöseknopfs.

Belichtungsautomatiken: Zeitautomatik; Blendenautomatik; Programmautomatiken (Normalprogramm, Multiprogramm, Manueller Programmshift); bei Matrix-Messung automatische Belichtungskorrektur.

Belichtungs-Meßwertspeicher: Aktivierung durch Drücken des Belichtungs-Meßwert-Schiebeknopfs <<AE-L>> nach links; Speicherung des zuletzt gemessenen Belichtungwerts in allen Belichtungsautomatiken.

Manuelle Belichtungseinstellung: Blende am Objektiv, Verschlußzeit am Einstellrad; Anzeige der eingestellten Zeit- und Blendenwerte im Sucher und im zentralen LC-Display (Flüssigkristallanzeige); Anzeige des Belichtungsabgleichs auf Lichtwaage (Elektronische Analoganzeige) in 1/3 Blendenwerten.

Belichtungskorrekturen: Manuell von +5 EV bis -5 EV in 1/3 Stufen einstellbar (1 EV = 1 Belichtungsstufe = 1 «Blendenstufe»); automatische Korrekturen bei Matrix-Messung.

Automatische Belichtungsreihen: Automatische Belichtungsreihen (3 oder 5 Aufnahmen) mit Belichtungsabstufungen von 0.3, 0.7 oder 1 EV (1 EV = 1 Belichtungsstufe = 1 «Blendenstufe»). Die mittlere Aufnahme entspricht immer der gemessenen Belichtung. Automatische Rückstellung auf Normalbetrieb nach Ausführung dieser Belichtungsreihe!

Verschluß: Elektromagnetisch gesteuerter, vertikal ablaufender Metall-Schlitzverschluß; elektromagnetische Verschlußauslösung.

Verschlußzeiten: Stufenlos von 30s bis 1/2000s bei Zeit- und Programmautomatikbetrieb; abgestufte Festzeiten von 30s bis 1/2000s bei Blendenautomatik und bei manueller Einstellung. Bei letzterer zusätzlich <<B>>; hochgenaue Zeiten durch Lithium-Niob-Oszillator.

Sucher: High-Eye-Point-Sucher für großen Augenabstand bis ca. 18mm (gut für Brillenträger); es werden 92 % des Bildfelds in 0,75-facher Verkleinerung gesehen; Okularabdeckung durch mitgelieferte Abdeckkappe DK-5 möglich.

Einstellscheibe: Nichtaustauschbare Brite-View-Scheibe vom Typ B mit Markierungen für das AF-Messfeld und die Spot-Messung (nur F-601AF). Die F-601M hat eine nichtaustauschbare

Einstellscheibe vom Typ K mit zentralem Schnittbild und Mikroprismenring und mattem Fresnel-Außenfeld; das Feld der mittenbetonten Messung wird bei beiden Einstellscheiben durch einen Kreis von 12mm angezeigt.

Sucherinformationen: Ständig bzw. nach Antippen des Auslösers: Schärfeindikator; Belichtungs-Betriebsart; Verschlußzeit; Blende; Verwackelungsgefahr (blinkende Verschlußzeit); Blitzempfehlung in den Belichtungs-Automatikprogrammen (blinkende Blitzdiode); Blitzbereitschaft (Blitzdiode). *Wahlweise:* Filmempfindlichkeit; Lichtwaage (elektronische Analoganzeige); manuelle Belichtungskorrekturen; manuelle Korrektur der Blitzlichtdosierung; AF-L-Bereitschaft (nicht F- 601M); automatische Belichtungsreihe; Selbstauslöser-Vorlaufzeit.

Zentrales LC-Display: Ständig bzw. nach Antippen des Auslösers: Belichtungs-Betriebsart; Meßmethode; Verschlußzeit; Blende; DX-Automatik; Filmtransport-Betriebsart; Filmtransportkontrolle; Bildzählwerk. *Wahlweise:* Filmempfindlichkeit; Lichtwaage (elektronische Analoganzeige); manuelle Belichtungskorrekturen; automatisches Aufhellblitzen; manuelle Korrektur der Blitzlichtdosierung; SLOW-Blitzbetrieb mit langen Synchronzeiten; Synchronisation auf den zweiten Verschlußvorhang << REAR >>; AF-L Bereitschaft (nicht F-601M); automatische Belichtungsreihe; Bildzählwerk bzw. verbleibende Aufnahmezahl bei automatischer Belichtungsreihe; Selbstauslöser-Vorlaufzeit.

Filmempfindlichkeit: Einstellung wahlweise automatisch über DX-Codierung von ISO 25 bis ISO 5000 oder manuell von ISO 6 bis ISO 6400.

Filmeinzug: Automatisch bis Bild 1; Kontrolle des effektiven Filmtransports.

Filmtransport: Nur motorisch nach jedem Auslösen; Einzelbildschaltung <<S>>; Serienbildschaltung <<CL>> mit bis zu 1.2 Bildern/s; Serienbildschaltung <<CH>> mit bis zu 2 Bildern/s; Kontrolle des effektiven Transports; automatischer Stopp bei Filmende.

Zählwerk: Effektiv vorwärts zählend und beim Rückspulen des Films effektiv rückwärts zählend.

Rückspulung: Motorisch ca 26s; zieht Filmende in Kassette.

Selbstauslöser: Elektronisch; Laufzeiten von 2s bis 30s; Ablauf wird durch Blinken einer roten LED an der Kameravorderseite angezeigt; Doppelselbstauslösung möglich; Rückstellung ohne Auslösen möglich.

Eingebauter Blitz (nur F-601AF): Leitzahl 13 (bei ISO 100 und 20°C); fester Reflektor leuchtet Bildfeld für 28mm-Objektiv aus. Arbeitet mit allen Blitzautomatiken der Kamera zusammen.

Blitzautomatiken: Normales TTL-gesteuertes Blitzen, automatisch ausgewogenes Aufhellblitzen, manuelle Korrektur der Blitzlicht-Abgabemenge in 1/3 Stufen von +1 EV bis -3 EV. Funktioniert mit allen modernen Nikon-kompatiblen Systemblitzgeräten.

Blitzanschluß: Nur über Blitzschuh mit ISO-Kontakten und zusätzlichen Nikon-Systemkontakten. Systemkonforme Nikon-Blitzgeräte neuerer Bauart bieten alle von der Kamera vorgegebenen und gesteuerten Blitzmöglichkeiten (auch F-601M!). Fremdgeräte dürfen nur eingesetzt werden, wenn Kurzschluß oder Überspannung ausgeschlossen ist!

Blitzsynchronisation: 1/125s bis 30s bei manuellem Betrieb bzw. Blendenautomatik; bei Zeitautomatik und den Programmautomatiken von 1/Brennweite (längstens 1/15s mit 20mm) bis 1/125s. In Zeitautomatik und den Programmautomatiken kann auch auf automatisches Blitzen mit langen Synchronzeiten <<SLOW>> umgeschaltet werden (je nach Helligkeit und eingelegtem Film wählt die Kamera automatisch eine Synchronzeit zwischen 1/125s und 30s). Bei allen Betriebsarten und Synchronisationszeiten kann die Synchronisation wahlweise auf den ersten oder zweiten Verschlußvorhang gelegt werden.

Blitzkontrollanzeigen: Rote LED im Sucher; leuchtet wenn Blitz schußbereit; blinkt bzw. erlischt nach der Auslösung, wenn der Blitz für korrekte Belichtung zu schwach war; bei abgeschaltetem Blitz bzw. ohne Blitzgerät blinkt die Blitz-LED, wenn Einsatz eines Blitzgeräts zu empfehlen wäre.

Autofokus-Meßblitz: Bei Verwendung entsprechender Blitzgeräte mit AF-Illuminator möglich.

Stromversorgung: 6-V-Lithium-Blockbatterie (Duracell DL-223 A, Panasonic CR-P2P oder ähnliche). Eine Batterie reicht bei 20°C für ca. 75 Filme (F-601AF ohne Blitz), 140 Filme (F-601M) ; bei -10°C für ca. 22 Filme (F-601AF ohne Blitz), 80 Filme (F-601M). Bei 50% Blitzaufnahmen und 20°C für ca. 16 Filme, bei -10°C für nur ca 3 Filme (nur F-601AF bei Verwendung von eingebautem Blitz).

Batteriekontrolle: Bei guten Batterien werden nach Antippen des Auslösers Blende und Verschlußzeit für ca. 8s angezeigt; kürzere Anzeigezeiten, Blinken der Anzeige oder Blockierung des Auslösers deuten auf verbrauchte Batterien hin.

Abmessungen:
F-601AF: Breite 154,5mm, Höhe 100mm, Tiefe 66,5mm.
F-601M: Breite 154,5mm, Höhe 96mm; Tiefe 65,0mm.

Gewicht (ohne Batterien):
F-601AF: 650g
F-601M: 565g

Unterschiede F-601AF und F-601M

Die nachfolgende Tabelle faßt nocheinmal die unterschiedliche Ausstattung der beiden Modelle zusammen:

	F-601AF	***F-601M***
Autofokus	ja	nein
Spot-Messung	ja	nein
eingebauter Blitz	ja	nein
Data-Version (QD)	ja	nein

F-601AF: Fotografieren mit automatischer Scharfstellung

Dank Autofokus ist das Scharfstellen so schnell und einfach geworden wie noch nie. Das boten ja auch schon F-501, F 401, F-401S und F-801, von der F4 einmal zu schweigen. Im Vergleich zur automatischen Scharfstelleinrichtung bei F-801 und F-401S verfolgt der Autofokus der F-601AF allerdings eine andere «Philosophie»: Er arbeitet immer mit Schärfepriorität und berechnet bei bewegten Objekten die Entfernung nicht nur voraus, sondern stellt sie fortlaufend nach («Tracking»). Das hat sich bei meinen praktischen Tests ganz hervorragend bewährt! Nikons Entscheidung das AF-Meßfeld nach wie vor klein zu halten, statt es wie bei der Konkurrenz zu vergrößern oder mit mehreren zu arbeiten, halte ich noch immer für richtig. Zwar stimmt das Argument, je größer das AF-Meßfeld, um so sicherer kann der Autofokus scharfstellen. Der Haken ist nur, ob es wirklich die Stelle ist, die der Fotograf meint, auf die der Autofokus dann scharfstellt. Das große AF-Meßfeld paßt deshalb eher zu einer «Knipsermentalität». Die Nikon F-601AF ist dagegen eine Kamera für Fotografen, die ganz bewußt auf eine ganz bestimmte Motivstelle scharfstellen wollen. Gerade dafür ist aber das kleine AF-Meßfeld optimal. Die Autofokuseinrichtung der Nikon F-601AF bietet zwei AF-Betriebsarten <<S>> (Single AF-Servo), <<C>> (Continuous AF-Servo) und manuelle Scharfstellung <<M>>. Eingestellt werden sie am gut einrastenden AF-Wahlschalter.

⇦ *Diese Szene aus der alljährlichen Wallfahrt der Roma und Sinti nach Saintes-Maries-de-la-Mer, wurde auf 400er-Film aufgenommen und gepusht entwickelt. Übrigens würde auch die Empfindlichkeit des Autofokus der F-601 in der Regel ausreichen, um bei solchen Lichtverhältnissen exakt scharfzustellen.*
Foto: Rudolf Dietrich

Hinweis: Lassen Sie sich, was die Funktionsweise des Autofokus bei der F-601AF betrifft, nicht von den original Nikon-Unterlagen verwirren. In der ersten Auflage der Bedienungsanleitung und des Prospektes waren Beschreibungen und Bezeichnungen z.T. falsch bzw. irreführend. Die Autoren hatten wohl die F-601AF mit der F-801 verwechselt.

Schärfepriorität, Schärfeprädiktion und fortlaufende Schärfenachführung

Schärfepriorität: In beiden AF-Betriebsarten <<S>> (Single AF-Servo) und <<C>> (Continuous AF-Servo) arbeitet die F-601AF stets mit Schärfepriorität. D.h. das automatische Scharfstellen besitzt Vorrang vor dem Auslösen: Solange der Autofokus noch nicht scharfgestellt hat, läßt sich der Verschluß nicht auslösen. In der Praxis heißt das, Sie visieren mittels des rechteckigen Scharfstellfelds in der Suchermitte das Hauptmotiv an und die Auslösung erfolgt erst, wenn Sie den Auslöser voll durchdrücken, wenn tatsächlich scharfgestellt ist und das runde Schärfesymbol links im Sucher «scharfgestellt» signalisiert.

Schärfeprädiktion: Der Autofokus der F-601AF mißt vor dem Scharfstellen die Entfernung stets zweimal, berechnet aus der evtl. Differenz dieser beiden Messungen eine evtl. Bewegung des Objekts und stellt dann erst das Objektiv auf die voraussichtliche Entfernung zum Zeitpunkt der Auslösung scharf. Die AF-Scharfstellung beruht also auf einer Schärfevorhersage bzw. Vorausberechnung.

«AF-Servo», Schärfenachführung: Falls der Auslöser leicht angetippt bleibt, führt der Autofokus der F-601AF sofort nach der Auslösung die beiden nächsten Schärfemessungen durch, stellt auf die vorberechnete Entfernung scharf, macht - falls nicht ausgelöst wurde - sofort die nächste Doppelmessung und Scharfstellung usw. Bei bewegten Objekten oder Kameraschwenks wird also die Schärfe automatisch fortlaufend nachgestellt. Dies wird auch als «Tracking»-Autofokus oder «Servo»-Autofokus bezeichnet.

● : scharfgestellt
▶ : auf größere Entfernung einstellen
◀ : auf kürzere Entfernung einstellen
✳ : AF-Scharfstellung unmöglich
▶●◀ : Schärfe läuft nach

AF-Betriebsarten

AF-Betriebsart <<S>> mit automatischer Schärfespeicherung

Unbewegte Objekte: Sie können mit dem Autofokus auch dann scharfstellen, wenn das Hauptmotiv außerhalb des bildmittigen AF-Meßfelds liegt. Stellen Sie dazu den AF-Betriebsartenschalter auf <<S>> («Single AF-Servo»). Sie visieren dann zunächst das Hauptmotiv mit dem rechteckigen Autofokusmeßfeld an, drücken den Auslöser halb durch, bis das Schärfe-Symbol die Scharfstellung signalisiert. Wenn Sie jetzt den Auslöser weiterhin halb durchgedrückt halten, bleibt die eingestellte Entfernung automatisch so lange gespeichert bis der Auslöser voll durchgedrückt wird. Sie können also mit halb durchgedrücktem Auslöser Ihr Motiv in einen beliebigen Bildausschnitt setzen und erst dann belichten. Auch wenn Sie sich entschließen sollten, doch nicht auszulösen, und auf ein anderes Motiv scharfstellen wollen, ist dies kein Problem. Ein kurzes Loslassen des Auslöseknopfes löscht automatisch die gespeicherte Entfernung, und Sie können nun ein neues Motiv anvisieren und durch ein erneutes Drücken des Auslöseknopfes bis zum ersten Anschlag einen neuen Scharfstellvorgang einleiten.

Bewegte Objekte: Hier ist eine automatische Schärfespeicherung und damit eine freie Wahl des Bildauschnitts solange nicht möglich bis das anvisierte Objekt noch nicht zum Stillstand gekommen ist. <<S>> verhält sich also bei bewegtem Hauptmotiv (= Objekt im AF-Meßfeld) praktisch wie Autofokusbetriebsart <<C>>.

AF-Betriebsart <<C>> mit ausschließlich kontinuierlicher Schärfenachstellung

In der anderen AF-Betriebsart <<C>> («Continuous AF-Servo») stellt die F-601 AF bei halbdurchgedrücktem Auslöser solange von neuem scharf, wie sich das anvisierte Motiv ändert. Wenn also z.B. ein Kind auf den Fotografen zuläuft oder der Fotograf selbst durch einen Kameraschwenk Motive unterschiedlicher Entfernung anvisiert, läuft die Scharfstellung automatisch nach. Bei vollem Durchdrücken des Auslösers erfolgt die Auslösung sofort, nachdem gerade wieder scharfgestellt wurde. Um eine versehentliche automatische Schärfespeicherung zu verhindern, sollte bei «turbulenten» Motiven, statt mit <<S>> besser mit AF-Betriebsart <<C>> gearbeitet werden.

Welche Schärfe-Betriebsart wofür?

AF-Betriebsart <<S>>: Für bewußt gestaltete Aufnahmen wie z.B. Porträts, Landschaften, Architektur aber auch für nicht zu hektische Reportage.

AF-Betriebsart <<C>>: Für Schnellschüsse bei Sport, Tanz und Spiel, also Aufnahmen in Trubel und Hektik.

Beliebiger Bildausschnitt durch manuelle Schärfespeicherung

Mit AF-L-Schiebeknopf: Haben Sie mittels Shift-Taste und AF-L-Taste den manuellen AF-Schärfespeicher aktiviert, können Sie in beiden AF-Betriebsarten <<S>> und <<C>> nach Anvisieren und Scharfstellen, den Schärfespeicherknopf (AF-L-Schieber) drücken. Die aktuell eingestellte Entfernung bleibt solange gespeichert, wie Sie den AF-L-Knopf gedrückt halten. Sie können mit der so gespeicherten Entfernungseinstellung beliebig viele Aufnahmen machen.

Mechanische Langzeitspeicherung der Schärfe: Schalten Sie nach dem Scharfstellen auf ein unbewegtes Objekt mit dem Autofokus <<S>> oder <<C>> einfach in die Betriebsart <<M>> um. Und schon bleibt die eingestellte Entfernung beliebig lange «gespeichert». So langwierig dies klingt, so schnell geht es in der Praxis!

Manuelle Scharfstellung mit elektronischem Schärfeindikator

In der dritten Betriebsart <<M>> (Manuelle Scharfstellung) müssen Sie in herkömmlicher Weise mit Hand, durch Verdrehen des Entfernungsrings am Objektiv, die Entfernung einstellen. Sie eignet sich also auch für NON-AF-Objektive. Bei Objektiven mit einer Lichtstärke von mindestens 5.6, hilft Ihnen dabei die AF-Einrichtung. Diese AF-Scharfstellhilfe zeigt im Sucher durch Symbole (Pfeile, Kreis) an, in welche Richtung Sie verdrehen müssen und wann der Scharfstellpunkt erreicht ist.

Vollmanuelle Scharfstellung

Ob mit AF-Objektiven bei AF-untauglichen Problemmotiven, ob mit zu lichtschwachen NON-AF-Objektiven, Sie können jederzeit in Betriebsart <<M>> in herkömmlicher Weise manuell auf die Sucherscheibe scharfstellen.

AF-Scharfstellung bei völliger Dunkelheit

Bei zu wenig Licht streikt nicht nur der Autofokus, sondern auch das menschliche Auge. Hier hilft der Einsatz der Nikon-Autofokusblitzgeräte SB 20, SB 22, SB 23 oder SB 24. Zusätzlich zu den ganz normalen Blitzmöglichkeiten, enthalten diese Blitzgeräte eine spezielle AF-Infrarotleuchte («AF-Illuminator»). Das

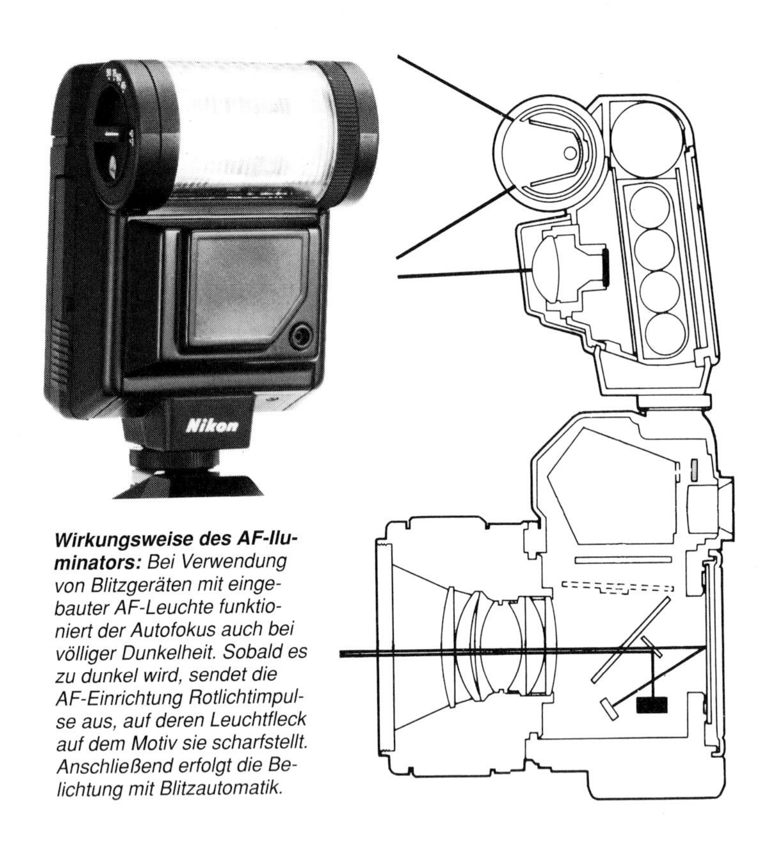

Wirkungsweise des AF-Illuminators: *Bei Verwendung von Blitzgeräten mit eingebauter AF-Leuchte funktioniert der Autofokus auch bei völliger Dunkelheit. Sobald es zu dunkel wird, sendet die AF-Einrichtung Rotlichtimpulse aus, auf deren Leuchtfleck auf dem Motiv sie scharfstellt. Anschließend erfolgt die Belichtung mit Blitzautomatik.*

Belichtungs- und Autofokusprobleme bei weißen Motiven: *Bei diesem weißen Gespenst versagte nicht nur der Autofokus. Die Spotmessung auf das weiße Gewand (links oben) und die Matrixmessung (rechts oben) brachten ohne Korrektur ein zu dunkles Bild. Erst eine Korrektur von +2 (links unten) bzw. die Messung auf eine Graukarte (rechts unten) brachten einigermaßen helligkeitsrichtige Bilder.* ⇨

Grüße aus
München

heißt, wenn Sie die F-601 auf die AF-Betriebsart <<S>> einstellen, den Auslöser drücken, die Lichtverhältnisse jedoch nicht zum automatischen Scharfstellen ausreichen, sendet der AF-Blitz solange Infrarotlicht aus, bis die Autofokuseinrichtung der F-601 das Motiv scharfgestellt hat. Wenn Sie nun auslösen, erhalten Sie ein garantiert scharfes Blitzfoto. Sie können aber auch nach Scharfstellen mit den Infrarotlichtpulsen die Entfernung durch den halb gedrückten Auslöser gespeichert halten und den Blitz abschalten. Wenn Sie nun noch den AF-Betriebsartenschalter auf <<M>> stellen, können Sie mit der gespeicherten Scharfstellung die schönsten Available-Light-Aufnahmen machen. Die AF-Blitzscharfstellung hat noch weitere Vorzüge. Das Infraroteinstellicht wirft ein Streifenmuster, und somit kann auch auf völlig kontrastlose Motive scharfgestellt werden. Man könnte auch meinen, das Scharfstellen mit dem AF-Blitz nütze nicht viel, weil man bei völliger Dunkelheit nicht sehe, was man anvisiert. Doch weit gefehlt, der sichtbare Rotanteil des IR-Einstellichtes ist so hell, und die Einstellichtimpulse sind so lang, daß man bei völliger Dunkelheit bis ca. 5m sehr gut sieht, worauf man scharfstellt. Dazu sollte man allerdings nicht durch den Sucher sehen, der nimmt nur Helligkeit weg.

Grenzen des Autofokus

Die Autofokuseinrichtung der F-601AF mißt die Entfernung passiv. Das heißt, die Schärfe des anvisierten Motives wird im vom Kameraobjektiv erzeugten Bild gemessen und daraus vom Kameracomputer die notwendige Verstellung des Objektivs errechnet. Letztlich beruht die automatische Scharfstellung auf der Messung und Auswertung des Bildkontrastes, und dazu muß erstens das Motiv selbst einen gewissen Kontrast haben und zweitens darf das von ihm durch das Kameraobjektiv erzeugte Bild nicht zu dunkel sein.

Schwarze Motive: *Füllt das schwarze Hauptmotiv, wie hier der Affe, nicht zuviel Bildfläche und ist der Hintergrund nicht zu hell, liefert die Matrixmessung ganz gut belichtetete Bilder. Doch Vorsicht, ist dagegen das schwarze Motiv zu groß, wird automatisch nach grau aufgehellt!*

Voraussetzungen für das Funktionieren der Autofokuseinrichtung:

- klar definiertes Motiv
- ausreichender Motivkontrast
- ausreichende Motivhelligkeit
- ausreichende Lichtstärke des Objektives
- kein zu großer Bildwinkel (keine extremen Weitwinkel)
- keine stärkeren Filter oder Kreativvorsätze.

Lichtstärke des Objektivs: Zu lichtschwache Objektive sind untauglich für die AF-Fotografie. Der Autofokus braucht nämlich zum Erkennen der Schärfe ein relativ breites Strahlenbündel. Bei kleinen Lichtstärken sind jedoch die Randstrahlen weggeschnitten und das Strahlenbündel wird zu eng. Die Lichtstärke muß bei der F-601AF mindestens 1:5.6, kurz 5.6 betragen. Bei geringeren Lichtstärken wie zum Beispiel 8 oder 11 wäre die Autofokuseinrichtung nicht mehr in der Lage scharfzustellen. Mit den Nikon-AF-Objektiven kann Ihnen das nicht passieren, weil diese nur mit ausreichender Lichtstärke angeboten werden. Wenn Sie zum Beispiel herkömmliche Nikon-Objektive an der F-601AF mit dem AF-Schärfeindikator verwenden, was ja prinzipiell möglich ist, müssen Sie auf ausreichende Lichtstärke achten. Denn die AF-Scharfstellhilfe <<M>> funktioniert bei Objektiven ab Lichtstärke 5.6 nicht mehr. Sie erkennen dies an der Unschärfe-Warnung (Schärfepunkt blinkt) im Sucher. In solchen Fällen müssen Sie wie in den guten alten Zeiten auf die Suchermattscheibe scharfstellen.

Motivhelligkeit: Probleme hat der Autofokus auch bei lichtschwachen Motiven. Allerdings konnte ich mit der F-601 AF bei so geringer Helligkeit fotografieren, daß es bereits schwierig wurde, manuell nach der Sucherscheibe scharfzustellen. Nikon ist es gelungen, die F-601AF (wie schon F-401S, F-801 und F4) mit einer so hochempfindlichen AF-Meßeinrichtung auszustatten, daß sie mit einem ISO-100-Film bereits ab Lichtwert -1 (100 ISO) zuverlässig funktioniert. Diese Helligkeit entspricht in etwa Kerzenlicht. Wenn auch die Lichtempfindlichkeit der AF-Meßeinrichtung groß ist, müssen Sie doch darauf achten, daß Ihr lichtschwaches Motiv gleichmäßig ausgeleuchtet ist. Die AF-

Einrichtung mißt schließlich immer auf die Bildmitte, und das gibt Probleme, wenn Ihr Hauptmotiv, auf das Sie eigentlich scharfstellen wollen, ausgerechnet in der dunkelsten Ecke ist. In solchen Fällen hilft nur manuelles Scharfstellen, notfalls nach Schätzen der Entfernung. Wer allerdings ein AF-Blitzgerät besitzt, kann auch dessen Infrarotscharfstellhilfe bei Dunkelheit benützen.

Motivkontrast: Eine weitere kritische Situation sind kontrastarme Motive. Für ausreichenden Kontrast genügt es nicht, daß das Motiv verschieden helle Bereiche hat, die hellen und dunklen Stellen müssen auch noch scharfe Grenzen haben! Versuchen Sie doch einmal, auf eine glatte weiße Wand mit dem Autofokus scharfzustellen! Wenn dies klappt, ist es der reine Zufall. Im Normalfall wird der Autofokus das Objektiv einmal von nah bis unendlich durchfahren und dann wird im Sucher die Unschärfewarnung erscheinen.

Struktur des Motivs: Wenn die an sich kontrastreichen Strukturen des Motives zu klein sind, kann sich der Autofokus irren, zum Beispiel beim Scharfstellen auf die schwarze Schrift einer Zeitungsseite. Dies hängt jedoch vom Abbildungsmaßstab ab. Auch waagrechte Strukturen mag der Autofokus nicht besonders gerne. Sein Sensor ist nämlich auf Strukturen mit senkrechten Linien optimiert. Gibt es einmal tatsächlich Probleme mit waagrechten Strukturen, können Sie die Kamera einfach auf Hochformat drehen mit dem Autofokus scharfstellen, die AF-L-Taste drücken, die Kamera wieder auf Querformat drehen und dann mit beliebigem Bildausschnitt auslösen.

Überstrahlungen: Extreme Gegenlichtmotive oder stark reflektierende Oberflächen können aufgrund von Überstrahlungen den Kontrast im Autofokusmeßfeld so stark senken, daß keine Scharfstellung mehr möglich ist. Diese Situation ist aber in der Praxis recht selten.

Objektivbrennweite: Auch bei zu kurzbrennweitigen Objektiven versagt der Autofokus. Den Autofokus irritiert die große Schärfentiefe extremer Weitwinkel. Daß es auch in diesem Fall eine Entfernung größter Schärfe gibt, kann der Autofokus nicht mehr differenzieren. Da geht es ihm ähnlich wie dem Fotografen, der im Zweifelsfall auch nach der Entfernungsskala am Objektiv einstellt und nicht nach seinen Augen.

Undefinierte Motive: Mit undefinierten Motiven sind z.B. Objekte gemeint, die sich in die Tiefe staffeln. Denken Sie zum Beispiel an zwei hintereinander stehende Kinder, von denen sich das Gesicht des vorderen Kindes in der einen Hälfte und das Gesicht des hinteren Kindes in der anderen Hälfte des Autofokusmeßfeld befindet. Auf welches Kind soll nun der Autofokus scharfstellen? Nach meinen praktischen Erfahrungen mit der F-601AF wählt der Autofokus meist das vordere Motiv aus. Das kann natürlichen in solchen Fällen lästig sein, in denen Sie zum Beispiel durch einen Zaun hindurch fotografieren wollen, weil Sie ja den Maschendraht kaum scharf haben wollen. Wenn möglich, müssen Sie in solchen Fällen das Motivdetail, auf das es Ihnen ankommt, AF-Meßfeldfüllend anmessen, und dann mit gespeicherter Schärfe mit beliebigem Bildausschnitt auslösen. Wenn das nicht geht, ist immer noch manuelle Scharfstellung möglich.

Filter und Kreativvorsätze: Sie können dem Autofokus auf dreierlei Weise das Scharfstellen erschweren oder unmöglich machen. Sie nehmen zuviel Licht weg und senken die effektive Lichtstärke des Objektivs (z.B. Farbfilter, Farbverlauffilter, Vignetten; bei UV- und Skylightfilter ist nichts zu befürchten!). Sie senken zu stark den Kontrast (z.B. Weichzeichner, Nebelfilter). Sie polarisieren das Licht und irritieren den für linear polarisiertes Licht empfindlichen AF-Sensor. (Lineare Polfilter sind deshalb für die F-601AF nicht erlaubt. Stattdessen müssen zirkulare Polfilter verwendet werden.)

Problematische Aufnahmesituationren seltener als man denkt: Wahrscheinlich wurden Sie durch diese Hinweise auf autofokus-untaugliche Motive und Situationen etwas verunsichert. Das spricht aber nicht unbedingt gegen den Autofokus, schließlich kann auch der Mensch Gegenstände nur erkennen, wenn es hell genug ist, und wenn er Details und Konturen unterscheiden kann. Ja so gesehen, ist die F-601AF sogar dem Menschen überlegen, denn ihre Autofokuseinrichtung ist empfindlicher als das menschliche Auge. Meine Erfahrungen mit der F-601AF haben jedenfalls gezeigt, daß die Grenzen des Autofokus in einem Bereich liegen, in dem das manuelle Scharfstellen auf der Mattscheibe ebenfalls nicht mehr möglich ist.

Notfalls manuell scharfstellen!

Bei ungeeigneten Motiven oder mit AF-untauglichen, lichtschwachen Objektiven müssen Sie anhand des Sucherbildes scharfstellen. Da der optische Weg zur Einstellscheibe der gleiche ist wie bei hochgeklapptem Spiegel zur Filmebene, ist die Schärfe des Sucherbildes ein sicherer Indikator für die Schärfe des Bildes in der Filmebene. Im Prinzip genügt zum Scharfstellen eine ganz normale Mattscheibe. Sie muß lediglich fein und gleichmäßig gekörnt sein. Dies ist bei der F-601AF in ganz hervorragender Weise der Fall, weshalb sich die gesamte Mattscheibe gut zum Scharfstellen eignet. Daß die Standardeinstellscheibe der F-601AF keine der sonst üblichen zusätzlichen Scharfstellhilfen wie Mikroprismenring oder Schnittbildindikator besitzt, erweist sich als großer Vorteil. Denn diese Scharfstellhilfen dunkeln bei langbrennweitigen Objektiven oder bei lichtschwachen Motiven merklich ab, und statt das Scharfstellen zu erleichtern, können sie sogar hinderlich werden. Die serienmäßige Einstellscheibe der F-601AF ist diesbezüglich ohne Tücken. Auch in der Dämmerung kann man mit einem 500mm-Teleobjektiv der Lichtstärke 1:8 ohne weiteres manuell scharfstellen. Wer also normalsichtige Augen oder eine gute Brille hat, kann, wenn der Autofokus nicht einsetzbar ist, ohne weiteres nach der Mattscheibe der F-601AF scharfstellen.

So funktioniert der Autofokus

Logischer Ablauf der Scharfstellung: Die Autofokuseinrichtung der F-601AF besteht vereinfacht aus vier Bausteinen. Der erste ist der Mikrocomputer des Objektivs, der über die Autofokuskontakte des Bajonetts die für das Objektiv typischen Kenndaten wie Lichtstärke, aktuelle Brennweite, aktuelle Blende und Entfernungs-Einstellweg an die Kamera weitergibt. Auf Seiten

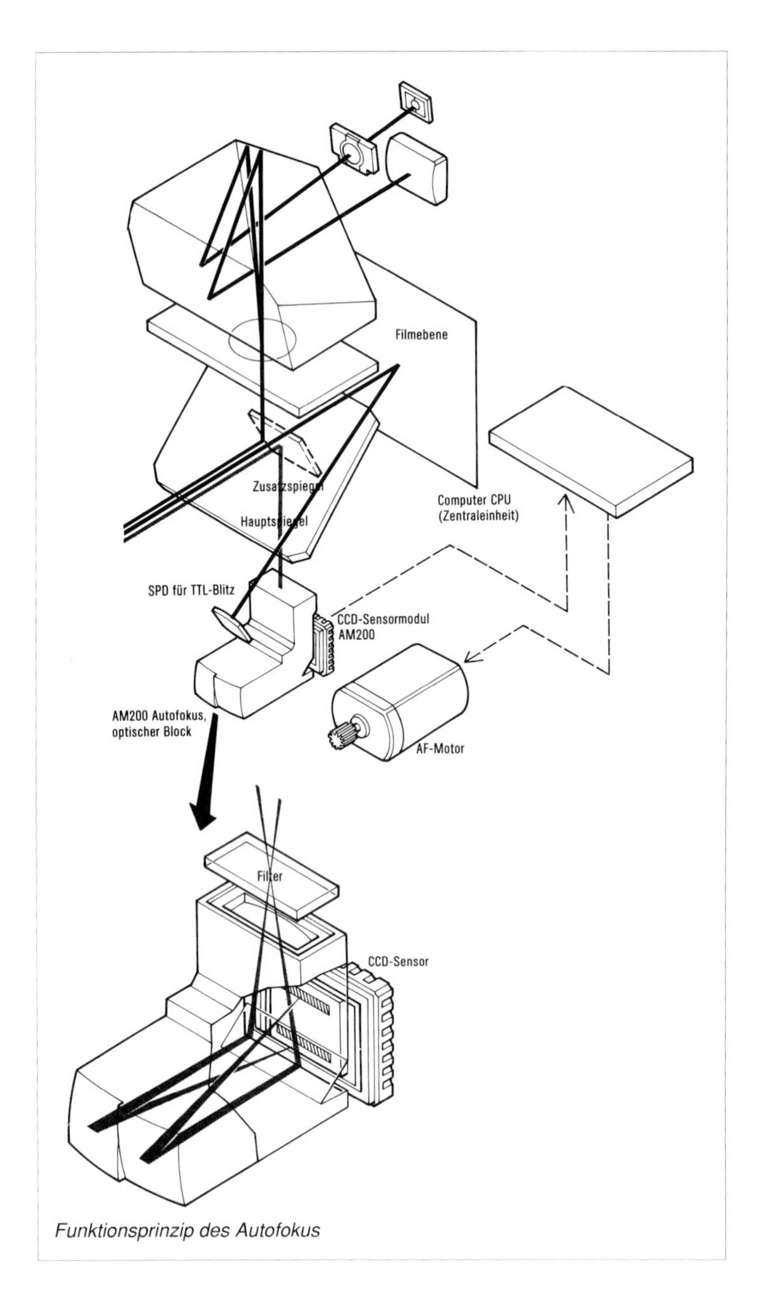

Funktionsprinzip des Autofokus

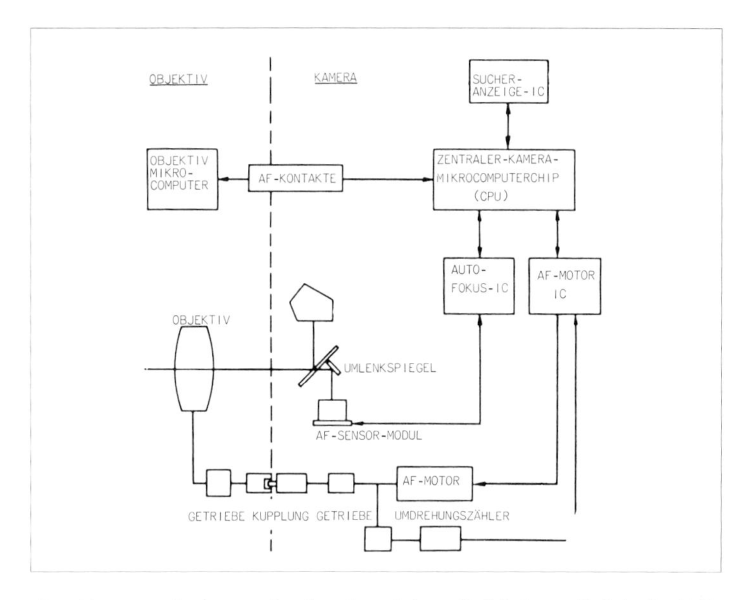

der Kamera haben wir die Autofokus-Schärfemeßeinheit (AF-Fokus-IC). Sie besteht aus einem Bildwandler in CCD-Halbleitertechnik mit 200 Meßfeldern. Jeweils zwei kurz nacheinander abgefragte Signale dieser CCD-Einheit werden von einem speziellen integrierten Schaltkreis (IC) ausgewertet und das Ergebnis an den zentralen Mikrocomputer (CPU) der Kamera weitergeleitet. Dieser verrechnet nun die beiden von der Schärfemeßeinheit kurz hintereinander ermittelten Entfernungsdaten zur (bei bewegten Objekten) voraussichtlichen Entfernung zum Zeitpunkt der Auslösung. Diese vorausberechnete Entfernung verrechnet der Computer dann mit den Objektivdaten zu einem Befehl für die Objektivverstellung und gibt ihn an die Autofokusmotorstelleinheit weiter. Dieser AF-Motor-IC rechnet den Befehl in Umdrehungen für den Motor um und läßt dann den Motor um genau diese Umdrehungszahl vorwärts oder rückwärts laufen. Eine Lichtschranke und eine Unterbrecherscheibe zählen die Umdrehungen des Motors und melden sie an den AF-Motor-IC zurück. Die Umdrehungen des AF-Motors werden durch ein Getriebe und eine Kupplung an das Objektivgetriebe übertragen, wodurch die Entfernungseinstellung des Objektivs genau um den gewünschten Betrag verdreht wird. Ist diese Objektiveinstellung abgeschlossen, fragt der CPU noch einmal beim AF-Fokus-IC die Schärfe ab und gibt dann gegebenenfalls an den IC der Sucheranzeige die Meldung «scharfgestellt» weiter. Jetzt erscheint das runde Schärfesymbol im Sucher. Im Idealfall dauert dies alles, von der doppelten Messung der Schärfe bzw. Entfernung, bis zur Scharfstellung des Objektivs und Sucheranzeige weniger als 1/10s. Sollte jedoch die Nachfrage der Kamera CPU beim AF-Fokus-IC immer noch Unschärfe ergeben, was bei schlechten Lichtverhältnissen oder geringem Motivkontrast durchaus vorkommen kann, wird die Schärfemessung unter Durchfahren des Objektivs von nah bis unendlich noch einmal wiederholt. Ergibt sich dabei immer noch keine Scharfstellung, meldet der CPU dies an die Sucheranzeige weiter, die dann durch Blinken des Schärfepunkts «nichtautofokussierbar» signalisiert.

Definition der Schärfe: Um das Funktionsprinzip der Autofokusmeßeinrichtung der F-601AF im Detail zu verstehen, müssen wir wissen, was Schärfe ist. Ein Objektiv ist auf eine bestimmte Entfernung scharfgestellt, wenn jeder Punkt eines Motives in dieser Entfernung als scharfer Punkt in der Filmebene der Kamera abgebildet wird.

Unschärfe: Ist die Entfernung nicht richtig eingestellt, sind die Bildpunkte nicht mehr scharf begrenzt, sondern beginnen sich auszuweiten und mit den Bildpunkten der Umgebung zu zerfließen. Man kann zwei Fälle der Unschärfe unterscheiden: Einstellung auf zu nah oder Einstellung auf zu fern. Ist der Gegenstand zum Beispiel 5m entfernt, das Objektiv jedoch auf 2m eingestellt, wird sich das Lichtstrahlenbündel eines bestimmten Motivpunktes vor der Filmebene der Kamera zu einem Bildpunkt vereinen. Um scharf zu stellen, müßte jetzt das Objektiv in Richtung 5m, bei Nikon-Objektiven also im Uhrzeigersinn soweit verdreht werden, bis sich bei Scharfstellung das Lichtstrahlenbündel exakt in der Filmebene zu einem Bildpunkt vereinigt. Ist das Objektiv statt auf 5m zum Beispiel auf unendlich eingestellt, wird sich das Lichtstrahlenbündel eines Motivpunktes erst hinter der Filmebene zu einem scharfen Bildpunkt vereinigen. Jetzt müßte beim Nikon-Objektiv zum Scharfstellen gegen den Uhrzeigersinn auf 5m gedreht werden.

Aufgabe der Entfernungsmessung durch den Autofokus: Die Aufgabe der Entfernungsmeßeinrichtung ist es also, das Verschwimmen der unscharfen Bildpunkte so zu messen und auszuwerten, daß erstens die zur Scharfstellung nötige Verdrehrichtung des Objektives erkannt wird, und zweitens der zentrale Mikrocomputer der Kamera auch noch die nötige Objektivverstellung errechnen kann. Dazu mißt die Sensoreinheit (CCD-Chip + Auswertungs-IC) die durch die falsche Entfernungseinstellung des Objektives resultierende Ausdehnung des auf die Filmebene fallenden Bildpunktes. Genaugenommen wird nicht in der Filmebene gemessen, sondern der teildurchlässige Spiegel läßt einen Teil des Bildes durchfallen und leitet es auf den CCD-Chip um, und zwar so, daß die optischen Wege exakt der Einstellung auf die Filmebene entsprechen.

Phasendetektion «scharf»: Der Trick des Autofokussensors besteht nun darin, daß er aus zwei Arten von Meßfeldern besteht, Sorte A und Sorte B. Vor jedem dieser Meßfeldpaare A und B sitzt eine Facettenlinse, so daß das durch das Objektiv vom Motivpunkt kommende Lichtstrahlenbündel halbiert und für jede Objektivhälfte getrennt auf die Meßpunkte gesammelt wird. Betrachten wir den einfachsten Fall, das auf die richtige Entfernung scharfgestellte Objektiv. In diesem Fall wird das Lichtbündel des scharfen Bildpunktes so auf den AF-Sensor geworfen, daß zwei nebeneinander liegende Meßfelder praktisch das gesamte Licht erfassen, Meßfeld A das Licht der einen, Meßfeld B das Licht der anderen Objektivhälfte. Die Auswertelektronik des Schärfe-IC ist nun so eingerichtet, daß die Meßkurve aller Punkte A mit der Meßkurve aller Punkte B verglichen wird. Kommen beide Meßkurven genau übereinander zu liegen, oder wie man in der Elektronik auch sagt, sind beide Meßkurven «in Phase», meldet der Schärfe-IC an den zentralen Mikrocomputer «Bild scharf».

Phasendetektion «unscharf»: Betrachten wir nun den Fall, daß das Objektiv auf zu nah eingestellt ist und sich das scharfe Bild vor der Filmebene befindet. Nun wird im AF-Sensor von diesem verschwommenen Bildpunkt nicht nur ein Meßfeldpaar sondern mehrere beleuchtet. Die Folge ist, daß die Kurven der A-Meßfelder und der B-Meßfelder in ihren Maxima auseinan-

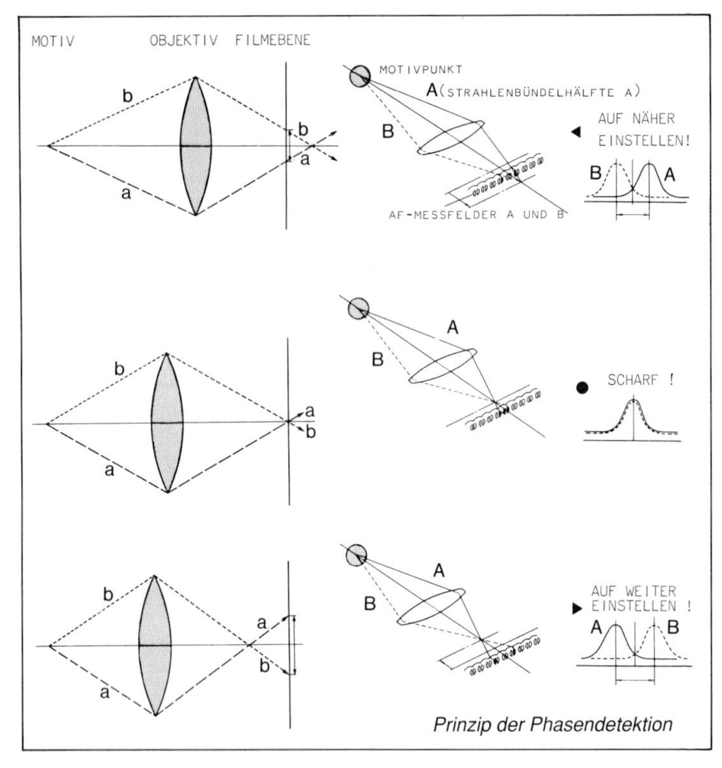

Prinzip der Phasendetektion

derlaufen. Genau das gleiche tritt ein, wenn das Objektiv auf zu fern eingestellt ist, auch dann laufen die beiden Meßkurven auseinander, sind also nicht mehr in Phase. Da aber die Richtung des Auseinanderlaufens der beiden Meßkurven für «zu nah» bzw. «zu fern» gegenläufig ist, erkennt der Schärfe-IC sofort, in welche Richtung das Objektiv zum Scharfstellen verdreht werden muß. Er meldet dies an den zentralen Mikrocomputer der Kamera. Darüber hinaus erkennt der Schärfe-IC anhand dieser «Phasendetektion», wie weit die beiden Meßkurven gegeneinander verschoben bzw. auseinandergelaufen sind. Diese Verschiebung der beiden Meßkurven ist ein Maß dafür, wie weit sich die eingestellte Entfernung von der tatsächlichen unterscheidet. Diesen Meßwert meldet er an die zentrale Mikrocomputereinheit der Kamera, die daraus, zusammen mit den Objektivdaten, die nötige Objektivverstellung errechnet.

Übersicht Belichtungsmethoden

Die F-601 bietet eine solche Vielzahl von manuellen und automatischen Belichtungsmethoden, daß in den folgenden Unterkapiteln zunächst nur eine Kurzübersicht mit ersten Einsatzhinweisen gegeben wird. Genaueres finden Sie dann in den nachfolgenden Hauptkapiteln zu Programmautomatik, Blendenautomatik usw. ...

Belichtungsmessung in Kürze

Matrix-Messung mit automatischer Belichtungskorrektur: Die Bildhelligkeit wird in fünf getrennten Feldern gemessen. Aufgrund der Gesamthelligkeit und der Helligkeitsunterschiede der verschiedenen Felder (Kontrast) errechnet der Kameracomputer automatische Belichtungskorrekturen. In ca. 80% der Fäl-

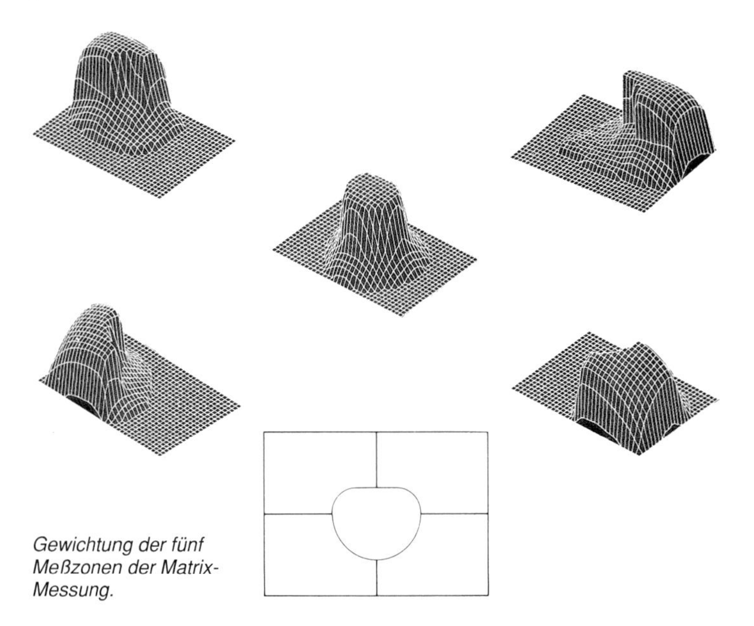

Gewichtung der fünf Meßzonen der Matrix-Messung.

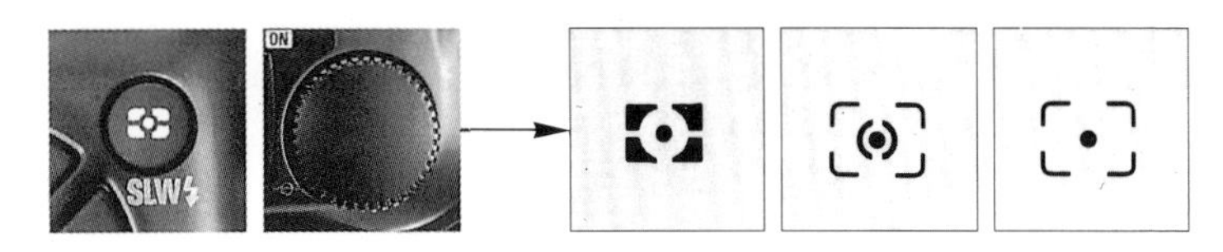

le erhält man so gut bis sehr gut belichtete Aufnahmen. Echte Ausrutscher gibt es nur bei Extremmotiven. Einsatz: Die ideale Methode, wenn man sich als Fotograf voll auf das Motiv konzentrieren will, ohne an die Technik zu denken.

Mittenbetonte Integralmessung: Die Bildhelligkeit wird zu 75% in dem mittleren 12mm-Ring der Bildfläche erfaßt, die restliche Bildfläche trägt nur 25% zur Gesamtmessung bei. Falls sich das Hauptmotiv in der Bildmitte befindet, kommt es in der Regel zu gut belichteten Bildern. Wird das Hauptmotiv formatfüllend angemessen und der Belichtungswert gespeichert oder manuell eingestellt, ergeben sich ähnlich gute Resultate wie mit der Spot-Messung. Einsatz: Diese Methode eignet sich vor al-

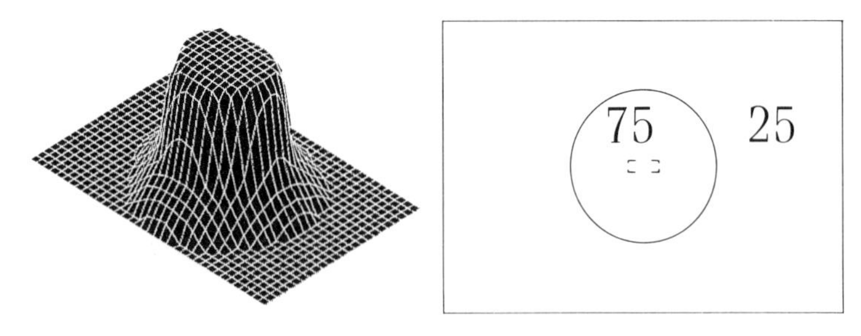

Gewichtung der mittenbetonten Integralmessung

lem dann, wenn man genug Zeit hat mit manueller Belichtungseinstellung das Motiv ganz gezielt anzumessen. Prinzipiell auch für Problemmotive geeignet.

Spot-Messung (nur F-601AF): Die Bildhelligkeit wird im wesentlichen in nur ca. 1% der Bildfläche gemessen. Dies ermöglicht sehr genaues Anmessen von Motivdetails, was mit dem entsprechenden Knowhow zu sehr guten Ergebnissen, sonst aber auch leicht zu groben Fehlern führen kann. Einsatz: Nur für Experten.

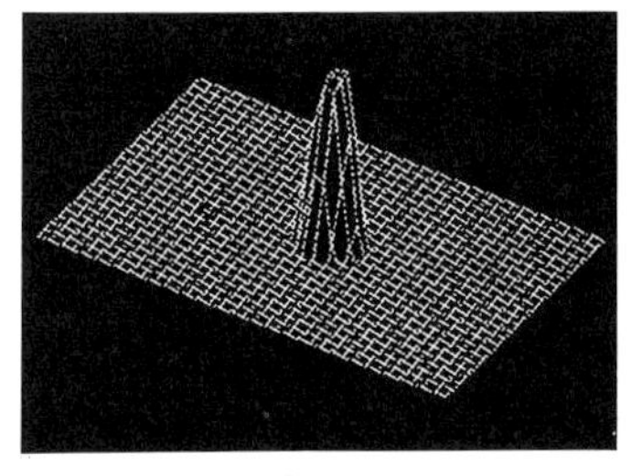

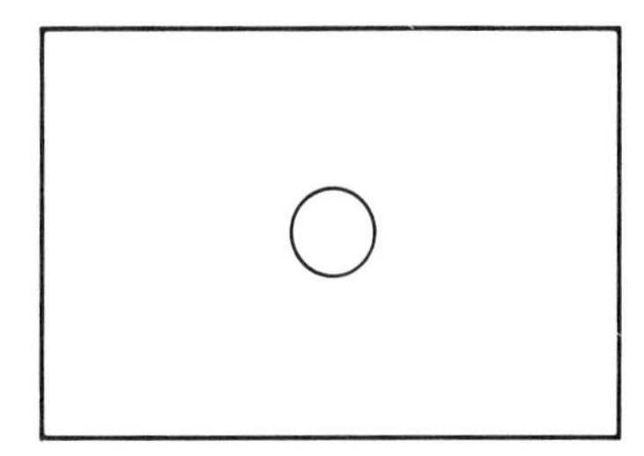

Gewichtung der Spot-Messung

Programmierte Belichtungsreihen: Die F-601 erlaubt es 3- oder 5-stufige Belichtungsreihen mit Abstufungen von 0,3, 0,7 oder 1,0 EV zu programmieren. Einsatz: Wenn man bei problematischen Motiven der Belichtungsmessung nicht traut. Falls bei Diafilmen das «150%ig» belichtete Bild dabei sein soll.

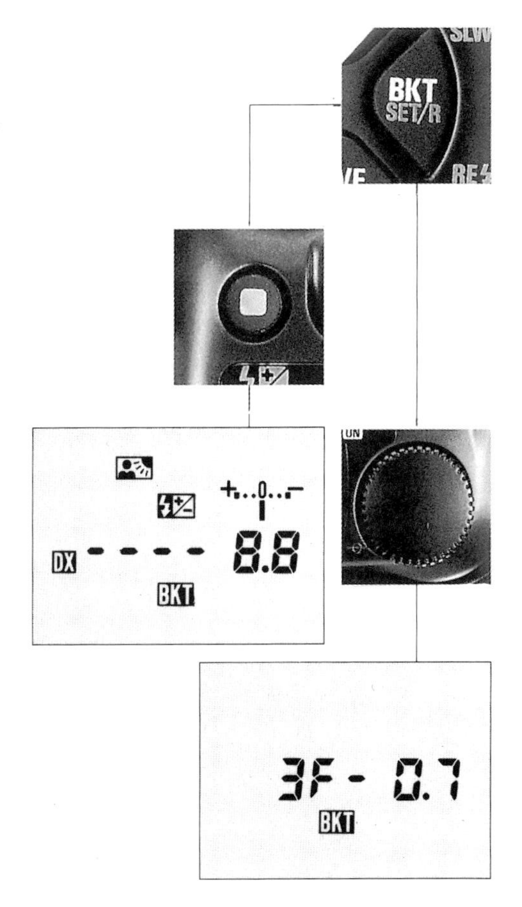

Die Belichtungsautomatiken in Kürze

Programmautomatiken <<P>>, <<PM>>: Zeit und Blende werden automatisch eingestellt. <<PM>> berücksichtigt bezüglich der Belichtungszeit sogar automatisch die Objektivbrennweite. Einsatz: Ideal wenn man sich z.B. bei hektischen Motiven auf das Geschehen konzentrieren muß, oder einfach keine Lust hat fototechnisch mitzudenken.

Manueller Programmshift: In den Programmautomatiken kann der automatisch eingestellte Belichtungswert zusätzlich manuell mit dem Einstellrad, bei Erhalt der Belichtung gegenläufig in Blende und Zeit variiert werden (z.B.1/250s/Blende 5.6 nach 1/125s/Blende 8). Einsatz: Verwendung der Programmautomatiken wahlweise wie Zeit- oder Blendenautomatik.

Blendenautomatik <<S>>: Die Zeit wird vorgewählt, die Blende stellt sich automatisch ein. Einsatz: Bei bewegten Objekten, wenn man bewußt die Bewegungs(un)schärfe kontrollieren will.

Zeitautomatik <<A>>: Die Blende wird manuell am Objektiv vorgewählt, die Zeit stellt sich automatisch ein. Einsatz: Immer dann, wenn man gezielt die Schärfe bzw. Schärfentiefe kontrollieren will.

Manuelle Belichtung <<M>>: Blende und Belichtungszeit werden manuell eingestellt. Einsatz: Der Könner erreicht so bei genügend Zeit und Ruhe optimal und gleichmäßig belichtete Bilder.

So fotografieren Sie vollautomatisch: Betätigen Sie bei der F-601 den «Rettungsgriff» (MODE- und DRIVE-Taste gleichzeitig ca. 2s drücken), stellt sich die Kamera auf Programmautomatik <<PM>>, Matrix-Messung und automatisches Aufhellblitzen ein. Einsatz: Ideal wenn Sie unbeschwert drauflos fotografieren wollen, ohne befürchten zu müssen, «völlig daneben zu liegen»

Schottland und Bayern zwei Regionen, die für Volkstum und Volksfeste in aller Welt bekannt sind. Trotz der millionenfach «abgenutzten» Motive gelingen dem ambitionierten Fotografen auch hier sehenswerte Bilder. Foto: Rudolf Dietrich

SIEBER

Programmautomatik

Passend zu Motivhelligkeit und Filmempfindlichkeit stellt die Programmautomatik vollautomatisch Blende und Verschlußzeit ein. Alles, was dem Fotografen bei gleichzeitigem Einsatz der

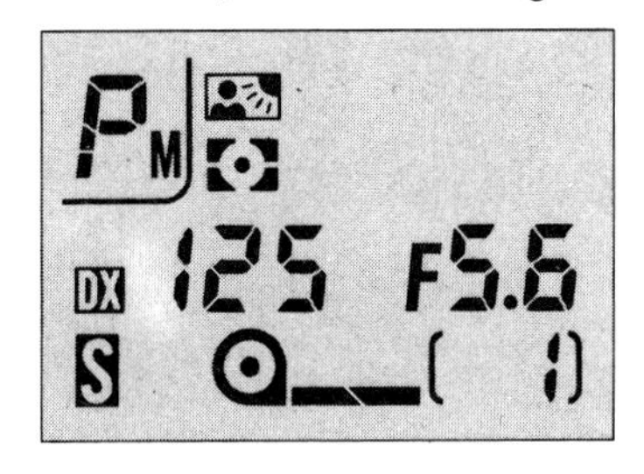

«Zentrale LC-Anzeige bei Programmautomatik».

Autofokuseinrichtung noch zu tun bleibt, ist Anvisieren des Hauptmotivs und Festlegen des Bildausschnittes.

Zwei Programme zur Wahl

Mit der F-601 haben Sie die Wahl zwischen zwei Programmen.

<<P>> das «Normal-Programm»: Die Belichtung erfolgt nach dem Motto «möglichst kurze Belichtungszeiten bei möglichst großer Schärfentiefe».

<<PM>> das Multiprogramm: Bei Objektiven mit eingebautem Mikroprozessor (alle AF-Nikkore) wählt das Programm, soweit die Lichtverhältnisse es zulassen, eine Belichtungszeit die mindestens dem Kehrwert der Brennweite entspricht. Erst wenn

⇦ *Das Bild der Katze in der Haustür wurde durch geschickte Wahl des Bildausschnitts und der Perspektive zu einem Stilleben voller Beschaulichkeit. Bei den altgriechischen steinernen Löwen auf Delos wurde durch den Einsatz eines Weitwinkels die Weite der Landschaft gekonnt mit einbezogen.*
Foto: Rudolf Dietrich

diese Bedingung erfüllt ist, wird abgeblendet. D.h. die Multiprogrammautomatik ist gut gegen Verwackelung. Wenn ich mit Programmautomatik arbeite, nehme ich deshalb eigentlich stets <<PM>>.

Manueller Programmshift: Eine weitere Möglichkeit ist der «Programm-Shift». Damit können Sie in allen Programmen mit dem Einstellrad beliebig Zeiten und Blenden verstellen, bei Beibehaltung des Belichtungswertes. Eine Möglichkeit, die aus der «Knipserautomatik» eine echte Alternative für den Könner macht. Obwohl ich einmal ein eingefleischter «Zeitautomatiker» war, fotografiere ich inzwischen fast nur noch mit Programmautomatik und ggf. zusätzlichem «Shift».

Nicht alle Objektive für Programmautomatik tauglich!

Nur Objektive mit elektronischer Kennwerte-Übertragung: Bei Programmautomatik, wie bei allen anderen Automatik-Betriebsarten der F-601, müssen Sie darauf achten, daß das verwendete Objektiv die dafür nötige elektronische Blendenwertübertragung hat (z. B. alle modernen Nikon AF-Objektive). Mit der F-601 dürfen Sie in den Programm- automatiken stets nur Objektive mit elektronischer Datenübertragung verwenden (eingebauter Mikroprozessor bzw. CPU)! Objektive mit festem Blendenwert oder solche bei denen überhaupt keine Blendenwertübertragung möglich ist, sind also für Programmautomatik nicht tauglich. Lesen Sie dazu auch die aktuelle Übersicht nicht verwendbarer Objektive in der Bedienungsanleitung.

Verwendung herkömmlicher NON -AF- Objektive: Bei herkömmlichen Objektiven ohne eingebauten Mikroprozessor warnt die F-601 durch Blinken des Programmsymbols und schaltet bei Auslösen automatisch auf Zeitautomatik mit mittenbetonter Messung um. Es resultieren also im Normalfall auch in diesem Fall automatisch richtig belichtete Bilder (Nikon empfiehlt trotzdem prinzipiell bei allen NON-AF-Objektiven auf Zeitautomatik und mittenbetonte Messung umzuschalten!).

So fotografieren Sie mit Programmautomatik

Nach Einlegen des Filmes, stellen Sie den Blendenring am Objektiv auf die höchste Blendenzahl. Dann stellen Sie mit der MODE-Taste und dem Einstellrad auf <<P>> oder <<PM>>, bei der F-601AF wählen Sie noch die AF-Betriebsart und schon kann es losgehen. Wenn Sie durch den Sucher schauen und den Auslöser antippen, werden Belichtungsmessung und Autofokus aktiviert. In der Mitte der Anzeigenleiste erscheint das Symbol für die eingestellte Belichtungsautomatik <<P>> oder <<PM>>, rechts davon die vom Kameracomputer errechnete Verschlußzeit und Blende. Sie brauchen sich jetzt um nichts mehr zu kümmern und können (bei der F-601AF falls der Autofokus scharfgestellt hat) jederzeit auslösen.

Fehler- und Warnanzeigen bei Programmautomatik

Extreme Fehlbelichtungen sind eigentlich nicht möglich, denn Sie werden vom Kameracomputer sofort gewarnt. Ein Blick auf die Sucheranzeigen gibt Ihnen Auskunft.

Stellung des Blendenrings: Erscheint statt des Blendenwerts «FEE», haben Sie vergessen, den Blendenring des Objektivs auf die kleinste Blendenöffnung (= größte Blendenzahl) einzustellen!

Überbelichtungsgefahr: Erscheint statt der Belichtungszeit «HI» ist das Motiv so hell, daß der Meß- und Regelbereich der F-601 überschritten ist, es droht Überbelichtung. Das Motiv ist dann zu hell für die verwendete Filmempfindlichkeit, die kleinstmögliche Blendenöffnung des Objektivs bzw. die kürzeste Verschlußzeit der Kamera. Bei Farbnegativfilmen dürfen Sie dann ruhig mal überbelichten, bei Farbdiafilmen sollten Sie einen Graufilter vorsetzen.

Unterbelichtungsgefahr: Erscheint statt der Belichtungszeit «LO», weist dies auf die Gefahr von Unterbelichtung hin. Das Motiv ist für den verwendeten Film, die längste Verschlußzeit und die größtmögliche Blendenöffnung offensichtlich zu lichtarm. In solchen Fällen müssen Sie wohl blitzen.

Verwackelungsgefahr: Blinkt die Zeitanzeige, will die Kamera Sie auf Verwackelungsgefahr aufmerksam machen. Die vom Kameracomputer errechnete Verschlußzeit ist dann länger als der Kehrwert der Brennweite. Sie müssen dann entweder mit Programm-Shift falls möglich zu kürzerer Zeit gehen, die Kamera auf eine feste Unterlage stützen oder besser noch vom Stativ fotografieren.

Abbildungen gegenüberliegende Seite:
Grenzen der Matrixmessung: *Bereits kleine Änderungen der Bildstruktur und des Bildausschnitts können mit der Matrixmessung bei komplizierten Motiven zu sichtbaren Belichtungsunterschieden führen. Dies gilt jedoch, falls nicht gezielt angemessen wird, auch für mittenbetonte Messung und noch mehr für Spotmessung!*

Abbildungen Seite 88:
Praxisvergleich von Matrixmessung, mittenbetonter Messung und Spotmessung: *Die gezielte Spotmessung auf den grauen Brückenpfeiler (oben) gibt das helligkeitsrichtigste aber nicht unbedingt das schönste Bild. Die mittenbetonte Messung (mitte) kann kein Hauptmotiv erkennen und belichtet eindeutig zu dunkel. Die Matrixmessung (unten) macht in diesem Fall automatisch ein ganz brauchbar aufgehelltes Bild.*

Abbildungen Seite 89
Belichtungsmessung und Belichtungskorrekturen bei Gegenlicht: *Sieht man hier einmal von Geschmacksfragen ab, kommt wohl die mit Spotmessung auf die Nabe des Riesenrads angemessene Aufnahme (links oben) am «helligkeitsrichtigsten». Die Matrixmessung (rechts oben) und die mittenbetonte Messung (links unten) liefern bei diesem komplizierten Motiv zu dunkle Aufnahmen. Erst die Matrixmessung mit zusätzlicher Belichtungskorrektur von +2 (rechts unten) bringt ein ähnlich gutes Bild wie die gezielte Spotmessung.*

Schiff

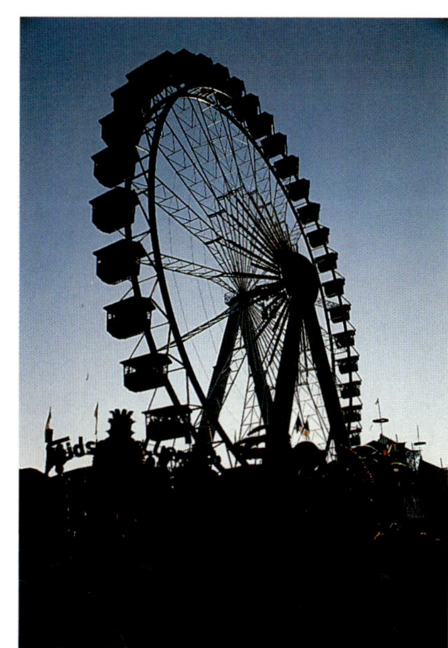

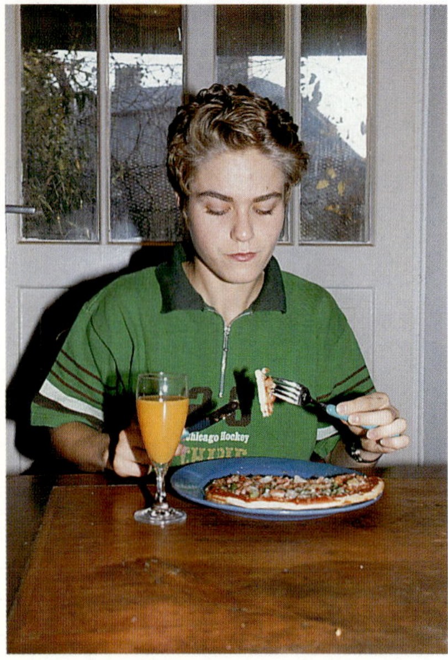
Chicago Hockey

28

Passende Filme und Objektivbrennweiten für die Programmautomatik

Bevor wir uns überlegen, für welche Motive die Programmautomatiken am besten eingesetzt werden, möchte ich Ihnen noch einige Empfehlungen zu Filmen und Objektiven geben.

Objektive: Am geeignetsten sind Objektive mit Brennweiten von ca. 28mm bis ca 135mm. Wesentlich kürzere oder längere Brennweiten werden Sie in der Regel nur für spezielle Motive einsetzen, für die jedoch der gezielte Einsatz von Belichtungszeit oder Blende nötig ist.

Filme: Zu empfehlen sind mittlere Filmempfindlichkeiten. Bei den Farbdiafilmen meist ein ISO-100-Film und bei den Farbnegativfilmen ein ISO-200-Film. Für spezielle Motive, die besonders geringe oder hohe Filmempfindlichkeit erfordern, sollten Sie auch in der Regel Blende und Belichtungszeit ganz bewußt einsetzen.

Welche Motive mit Programmautomatik?

Schnappschüsse und Erinnerungsbilder: Familienfeiern, Kinderserien, Haustiere, aber auch Erinnerungsfotos aus dem Urlaub, ob Strandfotos oder Straßenszenen, sind Situationen, die sich gut für den Einsatz der Programmautomatik eignen. Denn Sie müssen sich weder um die Blende, noch um die Verschlußzeit kümmern und können sich so voll auf das Motiv konzentrieren. Ich persönlich finde es ungerecht, diese Art von Fotografie als «Schnappschußfotografie» abzuqualifizieren. Natürlich wirkende, nicht gestellte Aufnahmen, das Erfassen echter Szenen, setzt ja gerade voraus, daß der Fotograf nicht

⇦ ***Praxisvergleich Gegenlichtaufnahmen mit und ohne Aufhellblitzen:*** *Die Aufnahme mit Matrixmessung (links oben) kommt mit Blende 5.6 und 1/15s eine Spur zu dunkel, die mit Spotmessung auf die Bluse (rechts oben) mit Blende 5.6 und 1/4s eine Spur zu hell. Zum Vergleich diesselbe Aufnahme einmal mit matrixgesteuertem, automatisch ausgewogenem Aufhellblitz (links unten) und das andere mal mit Aufhellblitz und zusätzlicher manueller Blitzkorrektur von -1 (siehe rechts unten).*

lange mit Blende und Verschlußzeit herumjonglieren muß, sondern jederzeit ohne Verzögerung auslösen kann.

Landschaftsaufnahmen: Natürlich eignet sich Schnappschußfotografie nicht für jede Aufnahmesituation und für jedes Motiv gleich gut. Ausgesprochene Landschaftsaufnahmen z.B. werden zwar mit Programmautomatik normalerweise gut belichtet, doch kann es leicht Probleme mit der Schärfentiefe geben. Wenn Sie nämlich Ihre Landschaft von vorne bis hinten scharf bekommen wollen, gelingt dies sicher besser mit Blende 16 als beispielsweise mit Blende 4. Die Programmautomatik veranlaßt das für große Schärfentiefe erforderliche starke Abblenden des Objektivs jedoch nur bei sehr hellen Motiven bzw. mit sehr empfindlichen Filmen. Davon kann jedoch bei Landschaftsaufnahmen nicht ausgegangen werden. Für freie Bildgestaltung, durch bewußten Einsatz der Schärfentiefe, sollten Sie also besser die Zeitautomatik <<A>> einsetzen.

Porträts: Hier liegt man meist mit Zeitautomatik besser, denn der unbestreitbare Vorteil der Zeitautomatik gegenüber jeder Programmautomatik, ist die bewußte Vorwahl der Blende. So können Sie durch gezielten Einsatz der Schärfentiefe das Hauptmotiv vor scharfem oder unscharfem Hintergrund aufnehmen.

Bewegte Motive: Nur bedingt tauglich für Programmautomatik sind schnell bewegte Objekte also z.B. Sportaufnahmen. Die von der Programmautomatik vorgewählten Verschlußzeiten sind für diesen Zweck normalerweise eher zu lang. Es sei denn, Sie verwenden bei normal guten Lichtverhältnissen ein lichtstarkes Teleobjektiv und mindestens einen ISO-400-Film. In der Regel ist der Einsatz der Blendenautomatik <<S>> konsequenter. Ihr unbestreitbarer Vorteil gegenüber jeder Programmautomatik, ist die bewußte Vorwahl der Verschlußzeit. So können Sie stets sicher sein, daß Sie das bewegte Motiv genau nach Ihrem Geschmack verwischt oder scharf aufs Bild bekommen.

Bildgestalterische Grenzen der Programmautomatik: Bewußte Bildgestaltung durch gezielten Einsatz der Blende bzw. durch gezielten Einsatz der Verschlußzeit sind also die Grenzen der Programmautomatik. Wer sich für die technischen Hintergründe der Programmautomatk interessiert, dem kann das übernächste Kapitel empfohlen werden.

Technische Grenzen der Programmautomatik

Die Grenzen der Programmautomatik sind einerseits Motive, die den gezielten Einsatz einer ganz bestimmten Blende oder Verschlußzeit erfordern. Andererseits sind es, wie bei allen anderen Belichtungsautomatiken auch, Motive mit extremem Kontrast oder mit ungewöhnlichem Reflexionsvermögen. Da in solchen Extremfällen eventuell auch die Matrix-Messung versagt, müßten Sie für bessere Aufnahmen auf manuelle Belichtungseinstellung umsteigen. Dazu sollten Sie aber das Einmaleins der Belichtung beherrschen, wie es in den einschlägigen Kapiteln beschrieben wird. Ansonsten ist die Matrix-Messung auch in diesen Fällen die bessere Methode!

Programm mit manuellem Shift - die Superautomatik

Haben Sie durch Antippen des Auslösers die Belichtungsmessung aktiviert, erscheinen in der Sucheranzeige bzw. auf dem zentralen LC-Display die von der F-601 errechnete Blende und Verschlußzeit. Diese Blenden/Zeit-Kombination können Sie nun noch nachträglich durch Drehen am Einstellrad beliebig verändern. Dabei bleibt die Belichtung stets dieselbe, nur die Blende und die Zeit ändern sich gegenläufig und zwar in ganzen Stufen. Wenn also z.B. Blende 8 und 1/250s angezeigt wird und Sie drehen gegen den Uhrzeigersinn, wird daraus Blende 5.6 und 1/500s. Drehen Sie weiter, wird daraus Blende 4 und 1/1000s usw. Drehen Sie dagegen im Uhrzeigersinn, wird aus Blende 8 und 1/250s zunächst Blende 11 und 1/125s usw. Dieses manuelle Verstellen der Blenden/Zeit-Werte wirkt wie ein Verschieben der Programmkurve und wird deshalb als «Programm-Shift» bezeichnet. Nach dem Auslösen wird der eingestellte Programm-Shift gelöscht und es gilt wieder die ursprüngliche Programmkurve.

Shift, ideal für den Könner: Dem Könner eröffnet sich dadurch die Möglichkeit, anstatt auf Zeit- oder Blendenautomatik umzusteigen, immer mit Programmautomatik (z.B. <<PM>>) zu arbeiten. Ist Ihnen für Ihr Motiv die Zeit zu lang oder zu kurz, bzw. die Blende zu groß oder zu klein, shiften Sie einfach zu dem optimalen Zeit- bzw. Blendenwert.

So funktioniert die Programmautomatik

Programmautomatiken errechnen den für richtige Belichtung zur Motivhelligkeit und verwendeten Filmempfindlichkeit erforderlichen Lichtwert. Dieser wird dann automatisch in eine der Programmkurve entsprechende Kombination aus Belichtungszeit und Blende umgerechnet. Die Programmautomatik wählt also aus einer Vielzahl möglicher Zeit/Blenden-Kombinationen genau das Paar aus, das entweder der Normal- oder der Multi-Programmkurve entspricht. Sie sehen das in den Programmdiagrammen der F-601 dargestellt.

Die Programmkurven im Detail

Sehen wir uns nun die Diagramme mit den Programmkurven näher an. Es sind Lichtwert/Blenden/Zeit-Diagramme. D.h. Die Programmkurven geben an, bei welchem Lichtwert die Programmautomatik mit welcher Blenden/Zeit-Kombination belichtet. Ein Lichtwert (englich: EV = Exposure Value) ist nichts anderes als eine Maßzahl für Belichtung. D.h. der zahlenmäßige Wert eines bestimmten Lichtwerts (z.B. LW 8) steht jeweils für eine ganze Reihe von gleichwertigen Blenden/Zeit-Kombinationen. Zum Beispiel LW 8 = Blende 32 mit 4s oder Blende 11 mit 1/2s oder Blende 8 mit 1/4s oder Blende 2.8 mit 1/30s usw. Gleichwertig heißt also, daß all diese Kombinationen dieselbe Wirkung bezüglich der Belichtung haben.

Normal-Programmkurve mit Objektiven großer Lichtstärke: Betrachten wir zunächst Aufnahmebedingungen, die Innenaufnahmen in einem mit einer 60 Watt Lampe beleuchteten Raum gleichkommen. Bei Verwendung eines ISO-100-Films entspricht

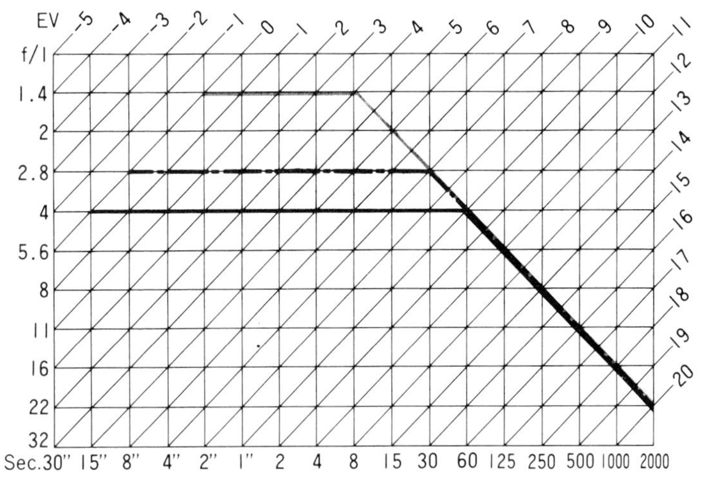

Verlauf der normalen Programmautomatik

Mit f/1,4-Objektiv
Mit f/2,8-Objektiv
Mit f/4-Objektiv

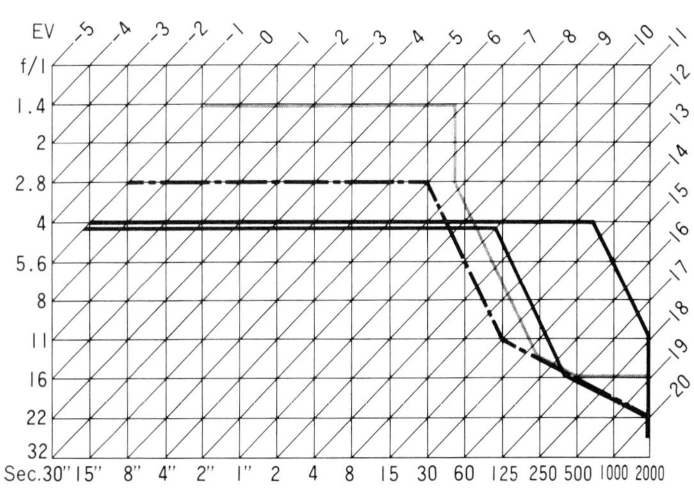

Verlauf der Multi-Programmautomatik

Mit 50 mm f/1,4
Mit 28 mm f/2,8
Mit Zoom 35-135 mm f/3,5-f/4,5
bei der Brennweiteneinstellung 100 mm (f/4,2)
Mit 500 mm f/4

das in etwa LW 2. Bei LW 2 wird die Normal-Programmautomatik die Blende 1.4 und eine Belichtungszeit von ca. 1/2s errechnen. Mißt die Kamera dagegen Lichtwert 12, was bei einem ISO-100-Film die notwendige Belichtung bei einer Aufnahme unter dichter Wolkendecke wäre, errechnet die Normal-Programmautomatik Blende 5.6 und etwa 1/125s. Bei Messung von Lichtwert 20 (entsprechend einer Aufnahme mittags im Sommer, unter wolkenlosem Himmel, bei vollem Sonnenlicht, mit ISO-100-Film) würde Blende 22 und 1/2000s von der Kurzzeit-Programmautomatik errechnet.

Normal-Programmkurve mit Objektiven geringerer Lichtstärke: Was ist jedoch, wenn das verwendete Objektiv, den von der Programmautomatik errechneten Blendenwert gar nicht einstellen kann? Weil z.B. ein Objektiv mit Lichtstärke 4.0 schließlich niemals auf Blende 1.4 eingestellt werden kann. Dann beginnt die Programmkurve einfach bei größerer Blendenzahl und statt z.B. bei Lichtwert 4 mit Blende 1.4 und 1/8s wird einfach mit Blende 2,8 und 1/2s belichtet. Auch wenn Sie mit Zoom-Objektiven arbeiten, die keine gleichbleibende Lichtstärke haben (z.B. mit dem AF-Nikkor 3.3-4.5 / 35-70mm), könnte es Probleme geben. Die Frage ist, was macht die Kamera, wenn die Programmautomatik z.B. Blende 1.4 und 1/8s errechnet hat, aufgrund der gerade eingestellten Brennweite des Zooms der effektive Blendenwert jedoch z.B. 4.5 ist. Doch keine Angst, dank des im Objektiv eingebauten Mikroprozessors wird ständig die effektive Lichtstärke des Objektivs zur Kamera gemeldet. Der Kameracomputer verrechnet blitzschnell die echte Lichtstärke und verlängert dadurch einfach die Belichtungszeit gegenläufig.

Die Multi-Programmkurven: Hier verlaufen die Programmkurven in Abhängigkeit von der Brennweite der eingesetzten Objektive stets so, daß möglichst keine Verwacklungsgefahr besteht. Als Faustregel gilt hierfür, daß die Belichtungszeit mindestens dem Kehrwert der Brennweite entsprechen sollte. Gleichzeitig berücksichtigen die Kurven auch die Lichtstärke d.h. die Anfangsöffnung der Objektive. So bleibt die Kurve beim 1.4/50mm-Objektiv z.B. von Lichtwert 0 (2s) bis fast Lichtwert 7 (konstant auf Blende 1.4) und blendet erst bei Erreichen von

1/50s ab. Beim Objektiv 4.0/500mm bleibt die Kurve fast bis Lichtwert 14, (bis 1/500s erreicht ist) auf der Anfangsöffnung.

Programmautomatikkurven - was ändert sich und was ist
Man sollte sich immer vor Augen halten, welche Bedingungen beim Fotografieren konstant bleiben und welche variabel sind. Auch wenn Nikon zu seinen Programmkurven die irreführende Angabe macht «(bei ISO 100)», so hängt der Kurvenverlauf nicht von der Filmempfindlichkeit ab! Was in der Praxis variabel ist, ist der Lichtwert in Abhängigkeit von Motivhelligkeit und Filmempfindlichkeit. Haben Sie einen Film bestimmter Empfindlichkeit in der Kamera, hängt der Lichtwert, nach dem die Programmautomatik Blende und Zeit bestimmt, nur noch von der Motivhelligkeit ab. Ist dagegen die Motivhelligkeit vorgegeben und Sie überlegen sich noch, welchen Film Sie verwenden sollen, «rutschen» Sie mit höherempfindlichen Filmen auf den Programmkurven zu Kombinationen mit größeren Blendenzahlen und kürzeren Belichtungszeiten.

Programmkurve und Filmempfindlichkeit: In welchem Bereich der Programmautomatikkurve die Kamera arbeitet, hängt von der Filmempfindlichkeit ab. Mißt die Kamera mit einem ISO-50-Film z.B. Lichtwert 8, stellt sie im Normal-Programm Blende 2.8 und 1/30s ein. Die gleiche Motivhelligkeit entspricht dagegen mit einem ISO-400-Film Lichtwert 11. Mit dem Normalprogramm wird dann die Blende auf 4/5.6 geschlossen und die Belichtungszeit auf ca. 1/80s verkürzt.

Die Grenzbereiche der Programmkurven: Schauen wir uns das Normal-Programm an, so stellen wir fest, daß es je nach Objektiv-Lichtstärke von Lichtwert 0 (Blende 1.4 und 2s bzw. Blende 4 und 15s) bis zum Lichtwert 4 (Blende 1.4 mit 1/8s) bzw. Lichtwert 10 (Blende 4 und 1/60s) als Zeitautomatik arbeitet. Das heißt die Blende bleibt jeweils konstant und die Belichtungssteuerung erfolgt durch Veränderung der Verschlußzeit. Am «oberen Ende» bei extremer Helligkeit hört die Programmkurve bei Lichtwert 20 mit Blende 22 und 1/2000s auf. «Inoffiziell» läuft sie mit abblendbaren Objektiven bis Lichtwert 21 mit Blende 32 und 1/2000s sozusagen als Blendenautomatik weiter.

Blendenautomatik

Wenn es auf eine ganz bestimmte Belichtungszeit ankommt, die Blende dagegen zweitrangig ist, wird man mit der Blendenautomatik fotografieren. Die Blendenautomatik stellt, zur vom Fotografen vorgewählten Verschlußzeit, automatisch die zu Motivhelligkeit und Filmempfindlichkeit passende Blende ein. Die

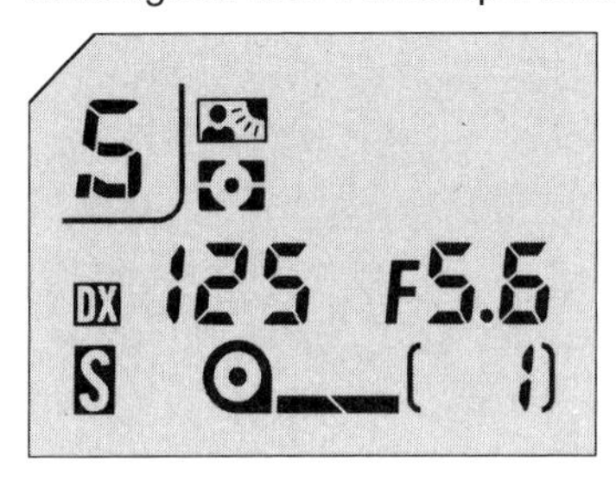

«Zentrale LC-Anzeige bei Blendenautomatik»

Blendenautomatik ist vor allem beim Fotografieren bewegter Objekte und bei Verwendung verwackelungsgefährdeter langer Brennweiten zu empfehlen.

Nicht alle Objektive für Blendenautomatik tauglich!

Nur Objektive mit elektronischer Kennwerte-Übertragung: Bei Blendenautomatik, wie bei allen anderen Automatik-Betriebsarten der F-601, müssen Sie darauf achten, daß das verwendete Objektiv die dafür nötige elektronische Kennwertübertragung hat. Mit der F-601 dürfen Sie in den Programmautomatiken stets nur Objektive mit elektronischer Datenübertragung verwenden (eingebauter Mikroprozessor bzw. CPU)! Objektive mit festem Blendenwert oder solche, bei denen überhaupt keine Kennwerteübertragung möglich ist, sind also für

Fotografie dokumentiert den Stand der Kultur, ob Kunstausstellung oder Blechdosenhalde. Fotos: Rudolf Dietrich

Blendenautomatik nicht tauglich. Lesen Sie dazu auch die aktuelle Übersicht nichtverwendbarer Objektive in der Bedienungsanleitung.

Verwendung herkömmlicher NON-AF-Objektive: Bei herkömmlichen Objektiven ohne eingebauten Mikroprozessor warnt die F-601 durch Blinken des Blendenautomatik-Symbols und schaltet bei Auslösen automatisch auf Zeitautomatik mit mittenbetonter Messung um. (Nikon empfiehlt trotzdem prinzipiell bei allen NON-AF-Objektiven auf Zeitautomatik und mittenbetonte Messung umzuschalten!)

So fotografieren Sie mit Blendenautomatik

Nach Einlegen des Filmes, stellen Sie den Blendenring am Objektiv auf die höchste Blendenzahl. Dann stellen Sie mit der MODE-Taste und dem Einstellrad auf <<S>>. Bei der F-601AF wählen Sie noch die AF-Betriebsart. Visieren Sie nun Ihr Motiv an, tippen Sie auf den Auslöser und stellen Sie mit dem Einstellrad die gewünschte Verschlußzeit ein. In der Sucheranzeigenleiste und auf dem LC-Display erscheint nun diese Verschlußzeit und die von der Kamera dazu ermittelte Blende. Wollen Sie doch eine andere Zeit verwenden, drehen Sie einfach am Einstellrad. Zur neueingestellten Zeit erscheint dann wieder automatisch die passende Blende.

Fehler - und Warnanzeigen bei Blendenautomatik

Fehlbelichtungen sind eigentlich nicht möglich, denn Sie werden vom Kameracomputer sofort gewarnt, ein Blick auf die Sucheranzeigen gibt Ihnen Auskunft:

Stellung des Blendenrings: Erscheint statt des Blendenwerts «FEE», haben Sie vergessen den Blendenring des Objektivs auf die kleinste Blendenöffnung (= größte Blendenzahl) einzustellen.

Überbelichtungsgefahr: Erscheint statt der Blende «HI», ist das Motiv so hell, daß der Meß- und Regelbereich der F-601 überschritten ist, es droht Überbelichtung. Das Motiv ist dann bei der verwendeten Filmempfindlichkeit und der vorgewählten Verschlußzeit zu hell für die kleinstmögliche Blendenöffnung des Objektivs. Sie müssen dann kürzere Zeiten vorgeben. Wie groß die Änderung der Zeit mindestens sein muß, sehen Sie übrigens in der Analog-Balken-Anzeige. Reicht auch 1/2000s noch nicht, müssen Sie ein neutralgraues Filter vorsetzen oder Überbelichtung in Kauf nehmen. Bei Fabnegativfilmen sind übrigens 1-2 Blenden Überbelichtung praktisch kein Problem.

Unterbelichtungsgefahr: Erscheint statt der Blende «LO», weist dies auf Unterbelichtung hin. Das Motiv ist für den verwendeten Film und die vorgewählte Verschlußzeit auch bei größtmöglicher Blendenöffnung des Objektivs offensichtlich zu lichtarm. Sie müssen dann längere Zeiten vorgeben. Wie groß die Änderung der Zeit mindestens sein muß, sehen Sie in der Analog-Balken-Anzeige. Eine andere Möglichkeit ist Blitzen.

Welche Motive mit Blendenautomatik?

Sport und Action: Wenn Sie die Bewegungsunschärfe des Objekts ganz bewußt dosieren wollen, geht dies besonders gut mit der Blendenautomatik. Die Frage ist also, welche vorgewählte Belichtungszeit ist jeweils die richtige? Klar ist, zu lange Belichtungszeiten und bewegte Objekte vertragen sich nicht. Ein zum bunten Strich gewordener Rennwagen gewinnt vielleicht das Rennen aber kaum den Fotopreis. Andererseits ist es auch nicht richtig, Bewegung total «einzufrieren». Die zur Salzsäule erstarrte Turnerin mag vielleicht für den Trainer interessant sein, aber auf die wenigsten Betrachter wird ein solches Foto ästhetisch wirken. Die Kunst, schnelle Objekte richtig zu belichten, besteht also darin, mit gerade so kurzen Zeiten zu belichten, daß nicht alles verwischt, und mit gerade so langen Zeiten, daß auch noch Bewegung sichtbar bleibt. Falls Sie das bereits versucht haben und nicht so recht zufrieden waren, kann ich Sie trösten. Auch berühmte Sportfotografen produzieren mehr als 90% Ausschuß.

Landschaft, Porträt usw.: Da es bei diesen Motiven eigentlich immer auf die gezielt eingesetzte Schärfentiefe ankommt, eignen sie sich nicht besonders für die Blendenautomatik. Für Porträts, Achitektur, Landschaft, Repros oder Makroaufnahmen verwendet man sinnvollerweise die Zeitautomatik. So können Sie z.B. bei Porträts durch Aufblenden auf minimale Schärfentiefe und bei Nahaufnahmen durch Abblenden auf extreme Schärfentiefe einstellen.

So fängt man Bewegung ein

Verwischen oder einfrieren: Auf den Zufall brauchen Sie sich nicht zu verlassen. Mit ein paar Richtwerten im Kopf und ein bißchen Erfahrung werden Sie sehen, wie Ihre Ausbeute immer besser wird. In der nachfolgenden Tabelle finden Sie die Verschlußzeiten, mit denen Sie verschieden bewegte Objekte gerade noch scharf abbilden können. Wollen Sie das bewegte Objekt besonders deutlich zeigen, müssen Sie eher noch etwas knapper belichten. Wollen Sie dagegen die Bewegung betonen, müssen Sie etwas länger belichten als diese Richtwerte angeben. Schätzen Sie also die Geschwindigkeit Ihres Objektes ab und stellen Sie die Blende gerade so ein, daß die Verschlußzeit im gewünschten Bereich liegt.

Mitzieher: Übrigens vermittelt ein einigermaßen scharfes Objekt vor verwischtem Hintergrund dem Betrachter des Bildes besonders gut den Eindruck von Bewegung. Solche Fotos erhalten Sie durch Mitziehen der Kamera in Bewegungsrichtung. Auch diese «Mitzieher» werden natürlich nicht auf Anhieb klappen. Hier heißt es einfach ausprobieren, und einige Filme müssen geopfert werden.

Die Bewegungsfalle: Wenn Sie schnelle Objekte einfangen wollen, gehen Sie am besten folgendermaßen vor. Sie stellen zunächst manuell auf die Motivebene scharf, durch die sich das Objekt demnächst bewegen wird. Am einfachsten geht das manuell. Dann stellen Sie die gewünschte Belichtungszeit am Einstellrad ein und vergewissern sich noch einmal durch einen Blick auf die Sucheranzeige, daß die Belichtungszeit «okay» ist.

Bewegungsunschärfe

Abstand von der Kamera zum Objekt (mit Normalbrennweite)	**Bewegungsrichtung zur Filmebene** ↕	✕	↔
Langsame Bewegung, Fußgänger, spielende Kinder, Autos bis ca. 25 km/h			
4 m	1/125	1/250	1/500
8 m	1/60	1/125	1/250
16 m	1/30	1/60	1/125
Schnelle Bewegung, Läufer, schnelle Sportarten, Fahrzeuge bis ca. 50 km/h			
4 m	1/500	1/1000	1/2000 od. mitziehen
8 m	1/250	1/500	1/1000
16 m	1/125	1/250	1/500
Sehr schnelle Bewegung, Fahrzeuge mit 90 km/h und mehr			
4 m	1/500	1/1000	1/2000 od. mitziehen
8 m	1/250	1/500	1/1000
16 m	1/125	1/250	1/500

Jetzt können Sie jederzeit auslösen. Denken Sie auch an die Möglichkeiten, die Ihnen bei der F-601 die schnelle Serienbildschaltung <<CH>> bietet!

So funktioniert die Blendenautomatik

Nach Vorwahl der Belichtungszeit und Antippen des Auslösers errechnet der Kameracomputer eine geeignete Blende. Zur Berechnung dieser Blende wertet der Computer die Messung der Motivhelligkeit, die Filmempfindlichkeit, die eingestellte Verschlußzeit und den Blendeneinstellbereich des verwendeten Objektivs aus. Diese Information über kleinstmögliche und größtmögliche Blendenöffnung des Objektivs erhält der Compu-

Auch ohne Studio oder sonstigen technischen Aufwand wurde dieses Geschwisterpaar überzeugend porträtiert. Foto: Rudolf Dietrich

ter über die entsprechenden Datenkontakte von der Objektiv-CPU. Beim vollen Durchdrücken des Auslösers betätigt der Kameracomputer dann über einen blitzschnellen Motor den Springblendenhebel und läßt die Objektivblende auf den berechneten Wert schließen. Nach Hochklappen des Spiegels und Öffnen des Verschlußvorhangs wird der Film mit der voreingestellten Verschlußzeit belichtet.

Zeitautomatik

Die Zeitautomatik stellt, zu dem vom Fotografen vorgewählten Blendenwert, automatisch die passende Verschlußzeit ein. Ganz gleich, welche Objektiv-Brennweite Sie verwenden, ob Landschaft, Porträt, Architektur oder Makroaufnahmen, für viele Motive und fotografische Aufnahmesituationen ist die Zeitauto

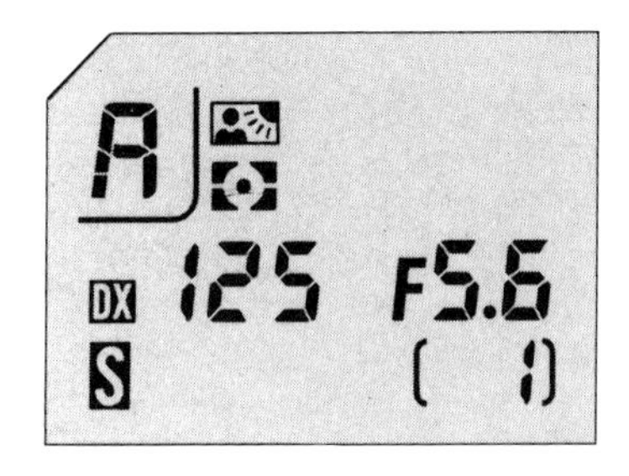

«Zentrale LC-Anzeige bei Zeitautomatik»

matik die beste aller Möglichkeiten. Im Unterschied zur totalen Vollautomatik mit Programm, verlangt die Zeitautomatik, je nach Aufnahmesituation und Motiv, ein wenig Mitdenken.

So fotografieren Sie mit Zeitautomatik

Nach Einlegen des Filmes, stellen Sie mit der MODE-Taste und dem Einstellrad auf <<A>>. Mit der F-601AF wählen Sie noch die AF-Betriebsart. Dann Visieren Sie Ihr Motiv an, tippen auf den Auslöser und stellen am Blendenring des Objektivs die gewünschte Blende ein. In der Sucheranzeigenleiste und auf dem LC-Display erscheint nun diese Blende und die von der Kamera dazu ermittelte Verschlußzeit. Wollen Sie eine andere Blende verwenden, drehen Sie einfach am Objektivring, zur neueingestellten Blende erscheint dann wieder automatisch die passende Zeit. Solange in der Sucheranzeige keine Warnung erscheint haben Sie freie Hand bei der Wahl der Blende und können sie ganz nach den Erfordernissen des Motivs und Ihren bildgestalterischen Vorstellungen wählen.

Zur Eignung von NON-AF-Objektiven für die Zeitautomatik

Verwenden Sie ein herkömmliches NON-AF-Objektiv mit mechanischer Blendenwertübertragung (also ohne integrierten Mikroprozessor, CPU) wird statt des Blendenwerts «F--» angezeigt. Der Kamera fehlen die elektronisch übertragenen Objektivdaten für Lichtstärke und aktuelle Blende. Praktisch bedeutet das, die F-601 kann nun nicht mehr mit Matrix-Messung arbeiten, sie stellt dann automatisch auf mittenbetonte Messung um. Die Zeitautomatik bleibt jedoch erhalten und arbeitet weiter korrekt. Nachteil, man kann den aktuellen Blendenwert nicht mehr in der Sucheranzeige sehen, sondern muß ihn am Blendenring des Objektivs ablesen.

Objektive ohne Blendenwertübertragung: Bei NON-AF-Objektiven ohne jede Blendenwertübertragung, wie Adaptern, Balgengeräten, Diaduplikatoren, Spezialobjektiven usw., wird statt der Blende ebenfalls «F--» angezeigt. Die F-601 stellt dann automatisch auf Arbeitsblenden-Automatik um.

Fehler- und Warnanzeigen bei Zeitautomatik

Fehlbelichtungen sind eigentlich nicht möglich, denn Sie werden vom Kameracomputer sofort gewarnt, ein Blick auf die Sucheranzeigen gibt Ihnen Auskunft.

Überbelichtungsgefahr: Erscheint statt der Belichtungszeit «HI», ist das Motiv so hell, daß der Meß- und Regelbereich der F-601 überschritten ist, es droht Überbelichtung. Das Motiv ist dann bei der verwendeten Filmempfindlichkeit und der vorgewählten Blende zu hell für die kürzeste Belichtungszeit von 1/2000s. Sie müssen dann, soweit möglich, die Blende schließen (eine größere Blendenzahl einstellen). Wie groß die Änderung der Blende mindestens sein muß, sehen Sie übrigens in der Analog-Balken-Anzeige. Reicht auch die kleinstmögliche Blendenöffnung noch nicht, müssen Sie ein neutralgraues Filter vorsetzen oder Überbelichtung in Kauf nehmen. Bei Farbnegativfilmen sind 1-2 Blenden Überbelichtung praktisch kein Problem.

Unterbelichtungsgefahr: Erscheint statt der Blende «LO», weist dies auf Unterbelichtung hin. Das Motiv ist dann für den verwendeten Film und die vorgewählte Blende auch bei längstmöglicher Verschlußzeit zu dunkel. Sie müssen dann nach Möglichkeit aufblenden. Wie groß die Änderung der Blende mindestens sein muß, sehen Sie wieder in der Analog-Balken-Anzeige. Eine andere Möglichkeit ist natürlich Blitzen. Die Gefahr der Unterbelichtung ist allerdings bei Zeitautomatik sehr gering, denn je nach Filmempfindlichkeit stehen ja Belichtungszeiten bis zu 30s zur Verfügung. Das reicht bei Blende 2.8 auch bei Kerzenschein. Größer ist da schon die Verwackelungsgefahr vor der das Blinken der Belichtungszeitanzeige warnt.

Zeitautomatik - Bildgestaltung mit der Blende

Belichtungsmäßig ist es völlig gleich, ob Sie bei Zeitautomatik Blende 4 oder Blende 16 vorwählen. Genauso automatisch, wie die Kameraelektronik z.B. 1/1000s zu Blende 4 einstellt, wird sie 1/60s zu Blende 16 einstellen. Die Lichtdosis, und damit die Belichtung, wäre in beiden Fällen dieselbe. Abgesehen von langen Belichtungszeiten, bei denen Verwackelungsgefahr und eventuell auch noch der Schwarzschildeffekt drohen, ist jede belichtungsgleiche Zeit/Blenden-Kombination gleich gut. Das gilt natürlich nur belichtungsmäßig und nicht für die Gestaltung!

Die «optimale» Blende: Die Entscheidung, welche Blende Ihr Motiv richtig ins Bild setzt, kann Ihnen keine Automatik abnehmen, die müssen Sie schon selbst treffen! Welche Blende allerdings die richtige ist, hängt weniger vom Motiv ab, sondern vor allem davon, was Sie aus diesem Motiv machen wollen. Je nachdem, ob Sie z.B. für ein Porträt einen scharfen oder zerfließenden Hintergrund möchten, werden Sie eine große oder kleine Blendenzahl vorwählen.

Abbildungsschärfe: Wenn Sie z.B. bei Architekturaufnahmen oder Sachaufnahmen noch feinste Details deutlich wiedergeben wollen, müssen Sie mit der Blende arbeiten, bei der die Abbildungsleistung des Objektivs am größten ist. Abbildungsfehler von Objektiven sind eine optische Gesetzmäßigkeit. Sie lassen sich zwar korrigieren, aber nie hundertprozentig. Die Theorie sagt jedenfalls, daß bei vollgeöffneter Blende die optische Leistung eines Objektivs (aufgrund sphärischer und chromatischer Aberration, Astigmatismus usw.) am schlechtesten ist. Durch Abblenden auf mittlere Blendenwerte wird ein Maximum der Abbildungsleistung erreicht, bei noch weitergehendem Abblenden erfolgt aufgrund der zunehmenden Beugungsunschärfe wieder eine Verschlechterung. (Beugung kann man vereinfacht als eine «Aufweitung» von Lichtstrahlenbündeln an Kanten betrachten. Je kleiner die Blendenöffnung, um so größer ist der von den Blendenkanten beeinflußte Lichtanteil). Die Theorie sagt, und auch viele Objektivtests bestätigen dies, daß bei Objektiven mit mittlerer Brennweite das Optimum der Abbildungsleistung zwischen Blende 5.6 und 11 liegt. Blende 8/11 ist, wenn es auf Details ankommt, also sicher der Geheimtip. Bei Teleobjektiven sind auch größere Blendenzahlen erlaubt.

Schärfentiefe: Darüberhinaus spielt die Blende eine entscheidende Rolle bei der Beeinflussung der Schärfentiefe. Es ist unmöglich, ein räumliches Motiv von Entfernung Null bis Unendlich gleichermaßen scharf abzubilden. Da die wenigsten Motive zweidimensional sind, sondern räumliche Tiefe besitzen, kann immer nur ein gewisser Bereich dieser räumlichen Tiefe scharf abgebildet werden. Geht man vom Standpunkt der Kamera bei der Aufnahme aus, dann gibt die Schärfentiefe an, von welcher Mindestentfernung bis zu welcher maximalen Entfernung das Motiv scharf abgebildet wird.

Schärfentiefe schwer abschätzbar: Sie dürfen sich auf keinen Fall auf Ihren visuellen Eindruck bei der Abschätzung der Schärfentiefe verlassen! Das menschliche Auge hat zwar auch beschränkte Schärfentiefe und sieht ebenfalls nicht gleichzeitig von Nah bis Unendlich scharf. Jedoch fällt einem dies normalerweise nicht auf. Die Scharfstellung des menschlichen Auges wird nämlich vom Sehzentrum im Gehirn gesteuert und erfolgt völlig unbewußt immer auf den räumlichen Bereich, auf den Sie sich gerade konzentrieren. Und da dies unbewußt geschieht, haben Sie den Eindruck, alles stets gleichmäßig scharf zu sehen. Bei Ihrer Spiegelreflexkamera stellen jedoch Sie persönlich oder der Autofokus der Kamera auf eine ganz bestimmte Ebene scharf, die planparallel zur Filmebene verläuft. Hier umfaßt die Schärfentiefe einen begrenzten Bereich vor und hinter dieser Einstellebene, was natürlich auf dem Bild sichtbar wird. Wie weit dieser Schärfenbereich geht, wie groß die räumliche Tiefe der Schärfe ist, hängt vor allem von der Einstellentfernung und von der Blende ab.

Available Light und Langzeitaufnahmen mit Zeitautomatik

Mit automatischer Belichtung können Sie Langzeitaufnahmen in praktisch allen Betriebsarten der F-601 vornehmen. Nach meiner langjährigen Erfahrung eignet sich jedoch die Zeitautomatik <<A>> am besten für schlechte Lichtverhältnisse. Die Nikon-Programmautomatik ist für solche Langzeitbelichtungen weniger geeignet. Sie arbeitet bei schlechten Lichtverhältnissen ohnehin in dem Bereich, in dem sie wieder in Zeitautomatik übergeht, da sie bei wenig Licht konstant mit größter Blendenöffnung arbeitet und nur noch die Belichtungszeit verändert. Mit Zeitautomatik hat der Fotograf dagegen auch bei düsteren Motiven freie Blendenwahl. Es ist bei Langzeitaufnahmen nämlich durchaus sinnvoll, bei unbewegten Objekten die Blende wieder etwas zu schließen, um Schärfentiefe zu gewinnen. Auch treten die optischen Fehler des Objektivs bei offener Blende besonders stark zu Tage, was sich bei Nachtaufnahmen unter anderem darin äußern kann, daß aus runden Lichtern ovale werden. Auch das spricht für kleinere Blendenöffnung.

Langzeitbelichtungsbereich: Der Langzeit-Belichtungsbereich der F-601 geht wie in allen anderen Belichtungsarten auch, je nach Filmempfindlichkeit bis 30s. Das reicht eigentlich immer für gelungene Nachtaufnahmen.

Geeignete Filme: Welche Filme nimmt man nun am besten für Available Light? Hier muß man unterscheiden, wo und mit wieviel Licht man fotografiert. In Kirchen oder (heimlich) im Museum ist es immer besser, statt mit einem ISO-100-Film verwackelte 1/8s mit einem 400er und Aufstützen der Kamera gerade noch scharfe 1/30s einsetzen zu können. Mit ISO 1600 oder gar ISO 3200 würde ich nur dann fotografieren, wenn ich durch ihre Verwendung gerade noch nicht in den Zeitenbereich mit Verwackelungsgefahr hineinkomme. Stative sind übrigens bei solchen Gelegenheiten leider oft nicht erlaubt. Für Fotos im Theater und bei Konzerten, soweit erlaubt, empfiehlt sich die gleiche Überlegung. Oft gelingt mit empfindlichem Film aus der freien Hand noch so mancher Schnappschuß. Für Kunstlicht ist bei Diafilmen nach meinen Erfahrungen der ISO-640-Kunstlichtdiafilm von Scotch am besten geeignet. Dieser Film wurde in den letzten Jahren verbessert und bietet bei Kunstlicht eine für diese Empfindlichkeit beeindruckende Qualität. Muß ich bei echten Nachtaufnahmen im Freien jedoch ohnehin vom Stativ fotografieren, dann ziehe ich die ISO-100-Filme den höherempfindlichen vor, denn hinsichtlich Schärfe, Körnigkeit und Farbwiedergabe sind sie einfach besser.

Stativ, Selbstauslöser und Drahtauslöser: Ob sie nun vom Stativ oder mit Aufstützen der Kamera fotografieren, Sie sollten bei Langzeitaufnahmen stets einen Drahtauslöser verwenden, um ein Verwackeln beim Auslösen zu vermeiden. Notfalls verwendet man den Selbstauslöser. Und vergessen Sie nicht den Okularverschluß (DK-5), oder halten Sie etwas dunkles während der Belichtung vor das Okular! Denn wenn sich beim Fotografieren das Auge nicht vor dem Okular befindet, fällt Licht von hinten in den Sucher ein und führt zu Fehlmessungen der Belichtungsautomatik.

Diese Aktaufnahme wurde mit relativ «weicher» Ausleuchtung auf SW-Film aufgenommen und nach relativ harter Vergrößerung blau getont. Foto: Wolf Huber ⇨

Schwarzschildeffekt: Soweit sind Langzeitbelichtungen kein Problem, wenn nicht bei fast allen auf Tageslicht abgestimmten Farbfilmen ab ungefähr 1/15s der Bereich des Schwarzschildeffekts beginnen würde. Dieser Effekt heißt nach dem Entdecker Namens Schwarzschild, der entdeckte, daß die effektive Filmempfindlichkeit bei extrem langen Belichtungszeiten abnimmt (d.h. Unterbelichtung). Zum Ausgleich des Schwarzschildeffekts sind deshalb positive Belichtungskorrekturen nötig. Bei der Nikon F-601 brauchen Sie sich bis ca. 2s Belichtungszeit nicht darum zu kümmern, da die Matrix-Messung bei relativ lichtarmen Motiven ohnehin relativ reichlich belichtet. Bei noch längeren Belichtungszeiten sind jedoch Belichtungskorrekturen nötig. Diese sind an der F-601 sehr genau und bequem einzustellen. Welche Korrekturen nötig sind, hängt vom verwendeten Film ab. Entweder Sie machen Belichtungsreihen oder aber Sie fordern beim Filmhersteller ein Datenblatt mit den Schwarzschilddaten an.

Die Grenzen der Zeitautomatik

Die Zeitautomatik der F-601 versagt bei allen Motiven, bei denen es auf eine gezielte Festlegung der Belichtungszeit ankommt. Wollen Sie also z.B. ganz sicher sein, daß Sie nicht verwackeln, ist ein Vorrang der Verschlußzeit nötig, wie es nur mit der Betriebsart Blendenautomatik möglich ist. Auch wenn es bei Sport und Spiel um das motivgerechte Erfassen schneller Szenen geht, können Sie durch gezielte Vorwahl der Verschlußzeit mit der Blendenautomatik das Motiv ganz gezielt einfrieren oder wohlgezielt verwischen.

⇦ *Nicht nur Farbkleckse oder Action ergeben gute Fotos. Ob Strandszene oder der Künstler bei der Arbeit, in beiden Fällen ist die Stimmung überzeugend eingefangen. Fotos: Wolf Huber*

Sonderfall Arbeitsblendenautomatik

Wenn der F-601 sowohl mechanische, als auch elektronische Informationen über Lichtstärke und aktuelle Blende des Objektivs fehlen, schaltet sie in allen Automatikbetriebsarten von sich aus um auf Arbeitsblendenautomatik. (Nikon empfiehlt trotzdem bei allen NON-AF-Objektiven prinzipiell auf Zeitautomatik und mittenbetonte Messung umzuschalten.) Adapter, Zwischenringe, Balgengeräte, Diakopiervorsätze usw. können Sie also an der F-601 prinzipiell verwenden. Die Arbeitsblendenautomatik ist eine Zeitautomatik, die unmittelbar nach der Auslösung und nach Schließen der Objektivspringblende auf den Arbeitswert, das effektiv durch das Objektiv fallende Licht mißt und erst dann die entsprechende Belichtungszeit ermittelt. Die Genauigkeit der Belichtung erleidet dadurch keine prinzipielle Beeinträchtigung. Die Zeitanzeigen in Sucher und auf dem LC-Display haben allerdings in diesem Fall keinerlei Aussagekraft mehr! Auch eine Matrix-Messung ist nicht mehr möglich, die Nikon F-601 mißt in diesem Fall automatisch mittenbetont.

Nehmen wir einmal an, Sie verwenden an der F-601 über einen sogenannten T-Adapter ein Teleobjektiv 5.6/400mm mit Schraubanschluß. Zum Scharfstellen müssen Sie die Blende am Objektiv voll auf 5.6 öffnen. In diesem Fall können Sie sogar die AF-Scharfstellhilfe verwenden. (Bei Objektiven und Vorsätzen mit geringerer Lichtstärke natürlich nicht!) Vor dem Auslösen müssen Sie nun allerdings die Blende manuell auf den gewünschten Wert z.B. 11 schließen. Sie erkennen das (im Gegensatz zur Offenblendenmessung) an der Verdunkelung des Sucherbildes. Beim Auslösen mißt nun die F-601 in wenigen Millisekunden die effektive Bildhelligkeit und stellt blitzschnell die daraus errechnete Verschlußzeit ein. Nachteil der Arbeitsblendenautomatik ist der geringere Bedienungskomfort und die geringere Schnelligkeit der Bedienung. Und die tatsächliche Belichtungszeit ist im Sucher und auf dem zentralen LC-Display der Kamera erst nach Abblenden auf den Arbeitswert sichtbar.

So funktioniert die Zeitautomatik

Nach Vorwahl der Blende am Objektivring und Aktivieren des Meßsystems durch Antippen des Auslösers, errechnet der Kameracomputer die zur vorgewählten Blende passende Belichtungszeit. Da die Nikon F-601 wie alle modernen Kameras mit Offenblendenmessung arbeitet, wird die Blende zur Messung der Bildhelligkeit nicht auf ihren tatsächlichen Arbeitswert geschlossen. Zur Errechnung der Verschlußzeit wird der von der Objektiv-CPU elektronisch übertragene Wert des Blendeneinstellringes verwendet. Erst wenn Sie den Auslöser voll durchdrücken, wird die Blende blitzschnell von einem Motor über den Springblendenhebel auf den vorgewählten Wert geschlossen. Erst jetzt klappt der Spiegel hoch und der Verschlußvorhang öffnet sich.

Früher gab es prinzipielle, technisch begründete Vorteile der Zeitautomatik. Denn der Schlitzverschluß befindet sich aus optischen Gründen, damit er nicht als Blende wirkt, unmittelbar vor der Filmebene. Deshalb ist er immer fest in die Kamera eingebaut. Der Verschluß bleibt also völlig unabhängig vom verwendeten Objektiv stets der gleiche. Anders dagegen die Blende, die sich, ebenfalls aus optischen Gründen, möglichst im optischen Mittelpunkt des Objektivs befindet. Die Genauigkeit des Blendenwertes, d.h. also die Übereinstimmung von eingestelltem und tatsächlichem Blendenwert ist eventuell von Objektiv zu Objektiv verschieden. Dazu kommt noch das Spiel der mechanischen Blendenwertübertragung. Die Genauigkeit der Belichtung von Kameras mit Blendenautomatik war deshalb traditionell in der Regel schlechter als von Kameras mit Zeitautomatik (mit Messung bei effektiver Arbeitsblende). Die Toleranzen moderner Blendenmechanik sind jedoch so gering und durch den im Objektiv eingebauten Mikroprozessor wird der aktuelle Blendenzustand so genau erfaßt, daß heute praktisch alle Automatiken gleichwertig sind.

Manuelle Belichtungseinstellung

In Belichtungsbetriebsart <<M>> können Sie in Kombination mit der mittenbetonten Messung oder der Spot-Messung (nur Nikon F-601AF) sozusagen «auf den Punkt genau» belichten. Voraussetzung ist, daß Sie das Motiv gezielt anmessen und daß Sie den Meßwert richtig bewerten. Diese Bewertung wird Ihnen ja gerade nicht von der Automatik der Kamera abgenommen. Sie müssen also nicht nur mit der Meßcharakteristik Ihrer Kamera

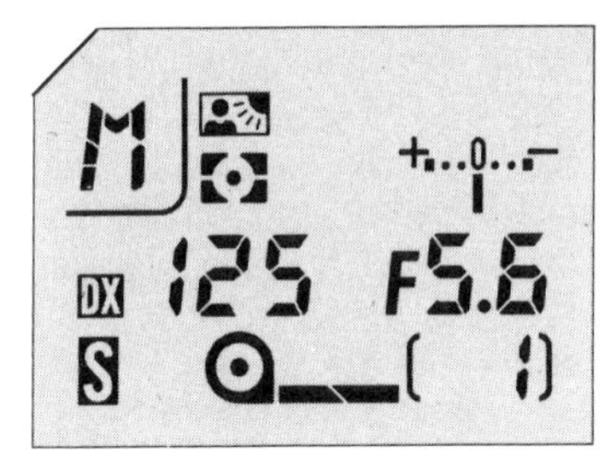

«Zentrale LC-Anzeige bei manueller Belichtung»

vertraut sein, sondern auch genau Bescheid wissen, mit welchen Belichtungskorrekturen, zusätzlich zu diesem Meßwert, das jeweilige Motiv optimal belichtet wird. Wenn Sie allerdings die Technik der manuellen Belichtung beherrschen, können Sie in vielen Fällen besser sein als die automatische Belichtungskorrektur der F-601.

Trotz Abriß, «Sanierung» und Zubetonierung entdeckt der aufmerksame Fotograf noch manche Schönheit, wie hier das alte Haustor im österreichischen Mühlviertel. Ein Makroobjektiv ist übrigens für jeden Fotografen, der einen Blick fürs Detail hat kein Luxus. Foto: Rudolf Dietrich

So fotografieren Sie mit manueller Belichtungseinstellung

Mit der MODE-Taste und dem Einstellrad stellen Sie auf <<M>>. Nun können Sie am Blendenring des Objektivs jede beliebige Blende einstellen. Die Verschlußzeit wählen Sie mit dem Einstellrad. Sowohl die eingestellte Verschlußzeit, als auch die Blende werden im Sucher und auf dem LC-Display angezeigt.

Belichtungsmessung am besten auf «mittenbetont»: Die Belichtungsmessung stellen Sie bei manueller Belichtung am besten auf «mittenbetont» (bei der F-601AF evtl. auch auf Spot-Messung). Zwar funktioniert die Matrix-Messung bei der Nikon F-601 auch in manueller Betriebsart, doch ist das meines Erachtens ein Widerspruch in sich. Entweder Sie wollen automatische Belichtung, oder aber Sie wollen selbst ganz gezielt die Belichtung messen und einstellen. Das verträgt sich schlecht mit automatischer Belichtungskorrektur, die ja sozusagen hinter dem Rücken des Fotografen ohne Anzeige der Korrekturwerte erfolgt.

Abgleich mit Lichtwaage: Visieren Sie nun Ihr Motiv an und tippen Sie auf den Auslöser. Welche Zeit/Blenden-Kombination richtige Belichtung gibt sehen Sie auf 1/3 Lichtwert genau angezeigt. Der Analog-Balken dient in Belichtungs-Betriebsart <<M>> nämlich als hochgenaue Lichtwaage. Zum Abgleichen müssen Sie, während Sie das Hauptmotiv anvisieren, die Blende oder die Verschlußzeit so verstellen, daß die Lichtwaage auf 0 steht. Solange Sie noch keine passende Zeit/Blenden-Kombination eingestellt haben, wird der Anzeigenbalken im negativen oder positiven Bereich stehen. Nehmen wir einmal an, die Verschlußzeit stehe auf 1/125s und die Blende auf 8, und beim Anvisieren Ihres Motivs steht die Lichtwaage auf +1. Sie können nun entweder die Blende 8 stehen lassen und die Verschlußzeit auf 1/250s drehen, oder Sie können die Verschlußzeit unverändert lassen und stattdessen den Blendenring am Objektiv auf Blende 11 drehen. Sie drehen jedenfalls Verschlußzeit oder Blende solange zu knapperer Belichtung, bis die Lichtwaage Null anzeigt.

Gegenläufiges Ändern von Zeit und Blende: Wenn der Belichtungsabgleich einmal eingestellt ist, können Sie ohne weiteres die Zeit oder die Blende verändern, Sie müssen nur jeweils für eine Verkürzung der Belichtungszeit gegenläufig die Blende öffnen, bzw. für eine Verlängerung der Belichtungszeit gegenläufig die Blende schließen. Zeigt die Sucheranzeige z. B. Belichtungsabgleich für die Kombination Blende 11 und 1/250s, könnten Sie genauso gut Blende 16 und 1/125s oder Blende 8 und 1/500s einstellen.

Gezieltes Anmessen des Hauptmotivs: Beim Anmessen des Motivs können Sie den in der Sucherscheibe markierten Meßkreis als Visierhilfe verwenden. Die Belichtungsmessung der Nikon F-601 ist bei mittenbetonter Messung wie gesagt so gewichtet, daß in diesem Meßkreis etwa 75% der Bildhelligkeit erfaßt werden. Bei sehr kontrastreichen Motiven, wie z.B. Gegenlicht, reicht diese Mittenbetonung eventuell nicht aus. Dann müssen Sie so nah an das Hauptmotiv heran, daß es möglichst formatfüllend erfaßt wird (oder mit der F-601AF mit Spot-Messung arbeiten). Mit durch formatfüllendes Anmessen gewonnenen und einmal manuell eingestellten Belichtungswerten können Sie nun Ihr Motiv mit beliebigem Bildausschnitt fotografieren. Die Belichtung wird stets absolut konstant sein. Die manuelle Einstellung ist also wie ein permanenter Meßwertspeicher einzusetzen.

Wahl der geeigneten Meßfläche: Doch auf welchen Motivpunkt sollen Sie messen, und welche Korrekturen sind im Zweifelsfall die Richtigen? Die Messung auf Motivpunkte bzw. Motivflächen «Mittleren Graues», sprich mittleren Reflexionsvermögens, ist an sich am einfachsten. Ob das Motiv nun in der Helligkeit sehr einheitlich oder aber sehr kontrastreich ist, ist egal, falls Sie eine solche mittelgraue Motivfläche finden. Sie visieren sie einfach formatfüllend an und stellen Blende und Verschlußzeit so ein, daß die Lichtwaage Abgleich anzeigt. Anschließend können Sie Ihren Bildausschnitt ganz frei wählen, die richtige Belichtung ist ja bereits fest gespeichert. Wenn Sie diesen angemessenen Motivpunkt, bzw. diese Fläche, auf Ihrem Bild etwas heller oder dunkler als Mittleres Grau wünschen, können Sie zusätzlich Belichtungskorrekturen anbringen. Doch oft ist kein mittelgrauer Motivpunkt zu finden, dann ist guter Rat teuer. Ebenso, wenn Sie nicht sicher sind, welcher Motivpunkt nun welcher Helligkeit entspricht. Ratschläge wie «messen Sie auf die noch deutlich durchgezeichneten Schatten oder Lichterpartien» sind da auch nicht besonders hilfreich.

Anmessen auf Hautton: Bei einem der häufigsten Motive, beim Menschen, gibt es jedoch eine sehr gute Meßfläche: das Gesicht. Im Sommer, bei Strandfotos, ist natürlich auch die Haut ein geeignetes Meßfeld. Der Teint eines hellhäutigen Mitteleuropäers ist etwas heller als Mittleres Grau. Wenn Sie also formatfüllend auf das Gesicht messen und um ca. +2/3 Belichtungsstufen reichlicher belichten, wird die Belichtung gerade richtig. Bei einem dunklen Süditaliener müssen Sie dagegen eher schon ca. -2/3 Belichtungsstufen knapper belichten. Da weder Blende noch Verschlußzeit in so feinen Stufen einstellbar sind, verwenden Sie dazu einfach die Belichtungskorrektur-Einrichtung der F-601. Sie drücken die Korrektur-Taste (+/-) und stellen gleichzeitig mit dem Einstellrad +2/3 bzw. -2/3 ein. Nach Loslassen der Korrektur-Taste summiert sich der Korrekturwert automatisch zur Belichtungsmessung und Sie müssen nun erneut mit der Lichtwaage einen Abgleich durchführen. Das Belichtungskorrektur-Symbol (+/-) in der Anzeige erinnert Sie ständig an die eingestellte Korrektur. Wollen Sie ohne Korrektur fotografieren, müssen Sie wieder die Korrekturtaste drücken und auf 0 zurückstellen.

Belichtungsmessung auf Graukarte: In vielen Fällen hilft der Einsatz einer Graukarte (mit 18% Reflexionsvermögen), wie sie z.B. von Kodak oder der Firma Fotowand im Handel erhältlich ist. Wenn Sie diesen grauen Karton zur Messung in Ihr Motiv stellen, haben Sie die ideale Meßfläche für Mittleres Grau. Es kann jedoch sein, daß Ihr Motiv sehr ungleichmäßig ausgeleuchtet ist, so daß z.B. ein Teil im Schatten, ein Teil im direkten Sonnenlicht liegt. Dazu müssen Sie die Graukarte dorthin stellen, wo sich das bildwichtige Detail befindet. Wollen Sie, daß das Mittlere Grau etwas heller oder dunkler ausfällt, müssen Sie eben zu dem Meßwert der Graukarte noch entsprechende Korrekturen einstellen.

Belichtungskorrektur bei schwarzen Motiven: Auch wenn ein schwarzes Hauptmotiv oder ein überwiegend schwarzes Motiv auf dem Bild wirklich schwarz und nicht nach Mittelgrau aufgehellt werden soll, ist die manuelle Belichtungseinstellung mit Sicherheit besser als die von der Matrix-Messung ermittelte Belichtung. Messen Sie dazu das schwarze Motivfeld formatfüllend an. Wenn Sie dann zu diesem gemessenen Wert noch eine Korrektur von ca. -2 Belichtungsstufen einstellen, kommt das Schwarz auf dem Bild wirklich schwarz.

Belichtungskorrektur bei weißen Motiven: Entsprechend müssen Sie die Korrektur bei einem überwiegend weißen Motiv vornehmen, das wieder weiß werden soll. Hier sind in der Regel zum formatfüllenden Meßwert bis zu +2 Belichtungsstufen als Korrektur einzustellen. Natürlich kann man bei weißen und schwarzen Motiven auch ohne Belichtungskorrektur auskommen, falls man auf eine vor das Motiv gestellte Graukarte mißt. *Hinweis:* Näheres finden Sie im Kapitel «Kleines Einmalseins der Belichtung».

Belichtungsabgleich mit NON-AF-Objektiven: Bei NON-AF-Objektiven mit mechanischer Blendenwertübertragung zeigen das Sucherdisplay und das zentrale LC-Display den am Objektivblendenring eingestellten Wert nicht an. Doch die Lichtwaage zeigt bei AI- und AI-S-Nikkoren korrekten Belichtungsabgleich. Bei NON-AF-Objektiven ohne mechanischer Blendenwertübertragung ist keine TTL-Belichtungsmessung möglich! Sie müssen entweder manuelle Belichtungseinstellung (Blende am Objektiv und Zeit an der Kamera) entweder aufgrund einer externen Messung mit einem Handbelichtungsmesser vornehmen oder Sie schalten auf Zeitautomatik (bzw. «Arbeitsblendenautomatik») mit mittenbetonter Messung um.

Wann mit manueller Belichtungseinstellung?

Übung macht den Meister: Sie sollten die manuelle Einstellmöglichkeit und die Belichtungskorrekturmöglichkeit bei der F-601 nur dann nutzen, wenn Sie sich sicher sind, ein besseres Ergebnis als mit Matrix-Messung zu bekommen. Denn wofür nehmen Sie den ganzen Umstand der manuellen Belichtungseinstellung auf sich, wenn die Bilder mit Automatik besser geworden wären? Nur wenn Sie problematische Motive wirklich gezielt, formatfüllend anmessen können, sei es auf das Gesicht, sei es mit Graukarte, sei es auf ein schwarzes oder weißes Motivfeld, ist die manuelle Methode in Kombination mit eventuellen Belichtungskorrekturen eindeutig im Vorteil. Das dafür nötige Knowhow und auch das Feeling fällt nicht vom Himmel und so müssen Sie schon ein paar Diafilme verschießen und alle Belichtungswerte mitprotokollieren, bis Sie zum Meister werden.

Manuelle Einstellung meist langwieriger: Wenn Sie auf dem Fußballplatz nach der Methode fotografieren «anvisieren, messen, eventuell Belichtungskorrekturen einstellen und dann erst auslösen» sind Sie manuell viel zu langsam. Da ist jede automatische Belichtung mit Matrix-Messung selbstverständlich schneller und zuverlässiger.

Für gleichmäßig belichtete Serien: Trotzdem, so umständlich die manuelle Belichtungseinstellung auch ist, so gut kann sie manchmal für schnelle Motive geeignet sein. Denn es gibt bewegte Motive, bei denen die Automatik leicht versagen kann. Denken Sie z.B. an weißgekleidete Fußballspieler auf grünem Rasen. Je nach dem, wieviel Weiß und wieviel Rasen sich in den fünf Feldern der Matrix-Messung oder im Meßfeld der mittenbetonten Messung befindet, wird das Bild zufällig optimal oder doch ein wenig über- oder unterbelichtet sein. Deshalb kann man hier einen alten Profitrick einsetzen, die feste Voreinstellung der Belichtung in manueller Betriebsart. Visieren Sie dazu zunächst ein mittelgraues Motivfeld, z.B. den Rasen, formatfüllend an, und stellen Sie die entsprechende Blende und Verschlußzeit ein. Diese Belichtungseinstellung bleibt nun während der gesamten Fotoserie unverändert. Voraussetzung hierfür ist lediglich, daß sich die Helligkeit der Beleuchtung während des Fotografierens nicht wesentlich ändert. Das Resultat sind gleichmäßig belichtete Bilder, die z.B. beim Vergrößern von Schwarzweiß- oder Farbnegativen viel Arbeit im Labor sparen.

Alles manuell - manchmal am Schnellsten

Die Aussage, daß das Fotografieren mit Autofokus besonders schnell sei, stimmt streng genommen nur dann, wenn sich das Hautmotiv in der Bildmitte, also im AF-Meßfeld befindet. Trifft dies nicht zu, müssen Sie zunächst das Hauptmotiv anmessen und die Scharfstellung speichern. Erst dann können Sie den Bildausschnitt frei wählen und auslösen. Und das geht, direkt manuell scharfgestellt, bei einiger Übung sicher schneller als mit dem Autofokus. Völlig aussichtslos ist die Scharfstellung mit Autofokus auch, wenn das Motiv so schnell ist, daß es schneller als es der Autofokus scharfstellen kann, wieder aus dem AF-Meßfeld herausläuft. Für solche Fälle gibt es eine besondere Methode:

Voreinstellen der Entfernung: Zunächst wird auf das Gebiet, wo sich demnächst etwas Interessantes tun wird, manuell scharfgestellt.

Voreinstellung der Belichtung: Dann wird auf dieses Gebiet eine manuelle Belichtungsmessung und Einstellung durchgeführt. Es wird dabei eine Zeit/Blenden-Kombination gewählt, die einerseits noch eine gewisse Schärfentiefe, andererseits noch genügend kurze Belichtungszeit erlaubt.

Auslösen nach Sicht: Dann einfach draufgedrückt, wenn sich eine interessante Szene in diesem Gebiet abspielt. Dies ist eine Methode, bei der zwischen der Entscheidung, eine Szene aufs Bild zu bringen, und der Auslösung, nur noch die menschliche Reaktionszeit liegt.

Auslösen mit Schärfeindikator: Diesen Trick können Sie in spezieller Weise mit der F-601AF nutzen. Nötig ist dazu ein AF-Objektiv entsprechend langer Brennweite, z.B. das AF-Zoom 4.0-5.6/70-210mm. Als Film sollten Sie einen ISO-400- oder ISO-1000-Film verwenden. Stellen Sie nun Ihre Kamera auf die AF-Betriebsart <<M>> und wählen Sie wie beschrieben manuell eine geeignete Blende und Verschlußzeit. Stellen Sie nun die Entfernung an dem AF-Objektiv manuell so ein, daß Sie auf den Ort des vermuteten Geschehens scharfstellen. Aufgrund des empfindlichen Films und der dadurch möglichen relativ großen Blendenzahl und großen Schärfentiefe, haben Sie zusätzlich einen gewissen Entfernungs-Spielraum. Sie können sich jedoch bei der Entscheidung, wann Sie auslösen wollen, auch noch von der AF-Scharfstellhilfe der F-601AF unterstützen lassen. Denn immer wenn sich jetzt das Geschehen durch das AF-Meßfeld in der Bildmitte bewegt und die Entfernung der voreingestellten entspricht, erscheint das Schärfe-Symbol. Und wenn Sie jetzt auslösen, können Sie in der Regel davon ausgehen, daß das Bild scharf wird. Sie sehen, manuelle Voreinstellung in Kombination mit AF-Scharfstellhilfe ist bezüglich Schnelligkeit nicht zu schlagen. Denn was bei der automatischen Scharfstellung Zeit kostet, ist nicht die Schärfemessung und Anzeige, die geht ja praktisch verzögerungsfrei, sondern es ist das motorische Scharfstellen. Darauf verzichten wir bei dieser Methode bewußt, lassen die bewegten Objekte sozusagen in die «Schärfefalle» laufen und lösen dann verzögerungsfrei aus. Dieser Trick entspricht sozusagen einer «AF-Schärfefalle mit manueller Voreinstellung und Auslösung».

Manuelle Langzeitbelichtung mit «B»

In allen Fällen, in denen der Belichtungsbereich bis 30s nicht ausreicht, schalten Sie einfach auf manuelle Belichtung um. In manueller Einstellung steht Ihnen «B» für «klassische» Langzeitbelichtung zur Verfügung. Mit dieser «Belichtungszeit» bleibt der Verschluß solange geöffnet, wie der Auslöser gedrückt wird. Nützlich ist auch dazu ein Drahtauslöser. Nikon nennt diese Belichtungseinstellung «bulb». In Wirklichkeit kommt der Name «B» wohl aus den Anfängen der Fotografie, als kurze Belichtungszeiten noch im Sekundenbereich lagen und die Fotografie in Japan noch wenig bekannt war. Die damals üblichen Auslöser wurden pneumatisch durch Drücken eines Gummiballs geöffnet. Solange der Ball gedrückt wurde, blieb der Verschluß offen. Daraus wurde dann im Lauf der Zeit das international übliche B (= «ball»). Die Bezeichnung «bulb» zielt wohl auf den Kolbenblitz (bulb = Kolben), dessen Synchronisation ursprünglich nur mit der Belichtungseinstellung «B» möglich war.

Blitzen mit der F-601

Nikon bot in punkto Blitzautomatik bereits bei F-401 und F-801 erstaunliches und hat auch bei der F-601 nicht zurückgesteckt. Zwar würde ich meinen, daß im Vergleich zur F-801 die Blitzautomatiken etwas vereinfacht wurden, doch das ist ja bedienungsmäßig kein Nachteil. Dazu kommt, daß die besonderen Blitz-Raffinessen der F-801 nur in Verbindung mit dem Systemblitzgerät SB-24 zum Tragen kamen, wohingegen die «vereinfachten» Blitzautomatiken der F-601 mit allen Nikon-Systemblitzgeräten gleichermaßen funktionieren.

Automatisches und manuelles Blitzen mit der F-601 in der Übersicht

Der Computer der F-601 verknüpft die Möglichkeiten der «Nichtblitz»-Belichtungsautomatiken gekonnt mit der Methode der TTL-gesteuerten Blitzdosierung. Dies ergibt eine ganze Reihe von Blitzautomatiken.

Klassisches, «vollmanuelles» Blitzen: Nur mit Blitzgeräten, die auf manuellen Betrieb umgeschaltet werden können. An der F-601 müssen in manueller Belichtungseinstellung die Blende und die Verschlußzeit (1/125s und länger!) eingestellt werden.

Herkömmliches, «Standard»-TTL-Blitzen: Mit allen Belichtungsmeßmethoden (Matrix, mittenbetont und Spot), mit allen Belichtungsautomatiken (<<A>>, <<P>>, <<S>>) und manueller Belichtungseinstellung <<M>>. Auf Grundlage der Belichtungsmessung vor dem Auslösen, werden automatisch Blende* und/oder Verschlußzeit* eingestellt. Nach dem Auslösen und Zünden des Blitzes wird zusätzlich die Blitzleuchtzeit aufgrund des von der Filmoberfläche reflektierten Lichts automatisch gesteuert.

Aufhellblitzen mit manueller Blitzbelichtungskorrektur: Mit allen Belichtungsmeßmethoden (Matrix, mittenbetont und Spot), mit allen Belichtungsautomatiken (<<A>>, <<P>>, <<S>>) und manueller Belichtungseinstellung <<M>>. Auf Grundlage der Belichtungsmessung vor dem Auslösen, werden automatisch Blende* und/oder Verschlußzeit* eingestellt. Dazu kann manuell mit der Blitzkorrekturtaste und dem Einstellrad eine nur auf den Blitz wirkende Belichtungskorrektur von +1 LW bis -3LW vorgewählt werden. Nach dem Auslösen und Zünden des Blitzes wird zusätzlich die Blitzleuchtzeit aufgrund des von der Filmoberfläche reflektierten Lichts automatisch gesteuert.

Hinweis: Diese Blitzbelichtungskorrektur darf nicht mit einer normalen Belichtungskorrektur verwechselt werden, die nämlich auf die gesamte Belichtung und nicht nur auf den Blitz wirkt. Im Unterschied zur Blitzkorrektur würde eine normale Belichtungskorrektur beim Aufhellblitzen auf Vorder- und Hintergrund gleichermaßen wirken.

Automatisch ausgewogenes Aufhellblitzen: Mit allen Belichtungsmeßmethoden (Matrix, mittenbetont und Spot), mit allen Belichtungsautomatiken (<<A>>, <<P>>, <<S>>) und manueller Belichtungseinstellung <<M>>. Auf Grundlage der Belichtungsmessung vor dem Auslösen, werden automatisch Blende* und/oder Verschlußzeit* sowie eine automatische Vorkorrektur der Blitzleuchtzeit eingestellt. (Bei Matrix-Messung erfolgt diese automatische Blitzkorrektur je nach Motivkontrast fließend zwischen 0 und -1 Belichtungsstufe. Bei mittenbetonter und Spot-Messung erfolgt die Blitzkorrektur automatisch mit dem festen Wert von -2/3 EV.) Nach Auslösen und Zünden des Blitzes erfolgt die herkömmliche automatische TTL-Steuerung der Blitzleuchtzeit. Man kann also sagen, daß beim automatisch ausgewogenen Aufhellblitzen die Grobregelung des Blitzes bereits vor dem Auslösen durch Blende*, Verschlußzeit* und Blitzleuchtzeitvorkorrektur erfolgt, während die Feindosierung des Blitzes nach dem Auslösen durch eine TTL-gesteuerte Leuchtzeitregelung besorgt wird.

* Ob Blende und Verschlußzeit, keines oder nur eines von beiden eingestellt wird, hängt davon ab, ob die Blitzautomatik

zusammen mit Programmautomatik, Zeitautomatik Blendenautomatik oder mit manueller Belichtungseinstellung verwendet wird.

Blitzen mit langen Belichtungszeiten: Mit der <<SLOW>>-Funktion kann in allen Blitz-Belichtungsautomatiken (<<A>>, <<P>>, <<S>>) auf lange Verschlußzeiten synchronisiert werden. So kommt das Restlicht im Motiv zur Geltung und das Bild wirkt fast ungeblitzt. Zusätzlich sind bei bewegten Motiven interessante Wischeffekte möglich.

Synchronisation auf zweiten Verschlußvorhang: Bei langen Verschlußzeiten kann zur Erzeugung «natürlich» wirkender Bewegungsspuren mit der REAR-Taste auf den zweiten Verschlußvorhang synchronisiert werden.

Automatische Aufforderung zum Blitzen: Ist der aufgrund der Filmempfindlichkeit und der Motivhelligkeit von der Kamera ermittelte Lichtwert 10 oder kleiner, blinkt die Blitzleuchtdiode im Sucher. Dadurch werden Sie automatisch zum Blitzeinsatz aufgefordert.

Automatische Aufforderung zum Aufhellblitzen: Ist der aufgrund der Matrix-Messung von der Kamera ermittelte Motivkontrast (Bildmitte zur Umgebung bzw. Hintergrund) größer als 1 Lichtwert (1 «Blendenstufe»), blinkt die Blitzleuchtdiode im Sucher. Dadurch werden Sie automatisch zum Aufhellblitzen aufgefordert.

Aufhellblitzen so gut wie noch nie

Auf Anhieb perfekt aufgehellte Schatten oder Gegenlichtmotive, dies ist der Wunsch vieler Fotografen, auch wenn sie sonst mit der Blitzerei «nicht viel am Hut haben».

Ausgewogene Helligkeit von Hauptmotiv und Hintergrund bei Gegenlichtaufnahmen: Wenn Sie z B. eine Person vor hellem Hintergrund fotografieren, gibt es mit der F-601 mit Hilfe der Matrix-Messung zwar auch ohne Aufhellblitz meist eine deutliche Aufhellung des Hauptmotivs. Doch diese mit der automatischen Belichtungskorrektur zustandekommenden Bilder sind oft noch mangelhaft. Entweder sind sie doch eine Spur zu dunkel, oder aber es kommt der Hintergrund unschön hell, oft sogar weiß, und auch die Farben des Hauptmotivs zeigen aufgrund starker Überstrahlungen nicht immer die beste Farbsättigung. Diese Probleme gibt es bei der F-601 in Verbindung mit einem Aufhellblitz praktisch nicht mehr. Denn alle Aufhell-Blitzautomatiken berücksichtigen die Helligkeit von Restlicht und Hintergrund, so daß das Hauptmotiv in seiner Helligkeit harmonisch darauf abgestimmt wird. Nun kommen nicht nur die Farben Ihres Hauptmotivs satt und leuchtend, sondern auch der Hintergrund kommt in natürlicher Helligkeit und Farbsättigung.

Aufnahmen ohne Überblitzen des Restlichts: Immer wenn man nicht gerade nachts im dunkeln Keller fotografiert, bringt es eine Menge «Atmosphäre» wenn das Restlicht nicht «überblitzt» wird. Auch dies ist mit den Aufhellblitzautomatiken gut möglich.

Automatisches Aufhellblitzen mit Matrix-Messung: Umgebungslicht und Motivkontrast werden automatisch berücksichtigt. Dazu passend werden automatisch Blende und/oder Verschlußzeit sowie eine Blitzkorrektur zwischen 0 und -1EV eingestellt (Zur genauen Funktionsweise lesen Sie bitte das Kapitel «So funktionieren die Blitzautomatiken»!). Das analoge Balkendisplay zeigt das Verhältnis zum Umgebungslicht bzw. Hintergrundlicht an. So können Sie sich wahlweise für zusätzliche manuelle Korrekturen oder Umsteigen auf Aufhellblitzen mit mittenbetonter Messung oder Spot-Messung entscheiden.

Automatisches Aufhellblitzen mit mittenbetonter Messung: Durch gezieltes Anmessen des hellen Hintergrunds bei Gegenlichtaufnahmen oder anderer Motivpartien kann der Motivkontrast oder das Umgebungslicht ganz gezielt erfaßt werden. Diesen Meßwert bei Belichtungsautomatik mit AE-L-Schiebeknopf speichern und dann mit beliebigem Bildauschnitt blitzen (automatische Blitzkorrektur mit dem festen Wert von -2/3 EV). Natürlich kann der Meßwert auch durch manuelle Belichtungseinstellung «gespeichert» werden.

Automatisches Aufhellblitzen mit Spot-Messung (nur F-601 AF): Wie mittenbetonte Messung, nur kann noch gezielter angemessen werden.

Blitz-Programmautomatik - alles vollautomatisch

Die Programmautomatiken sind der bequemste Weg zu gelungenen Blitzaufnahmen.

So wird's gemacht: Im einfachsten Fall stellen Sie die Kamera auf <<P>> oder <<PM>>, die Belichtungsmessung auf Matrix und Sie aktivieren «Aufhellblitzen»; das aufgesteckte Nikon-Systemblitzgerät stellen Sie auf «TTL». (Das eingebaute Blitzgerät der F-601AF arbeitet ohnehin nur TTL-gesteuert). Die F-601 wählt automatisch die passende Blende und Verschlußzeit und dosiert den Blitz. Dabei berücksichtigt sie Helligkeit von Hintergrund, Umgebung und Restlicht. Grobe Fehlbelichtungen sind so gut wie ausgeschlossen.

Blitzkontrolle und Fehlermeldungen: Leuchtet die Blitzsymboldiode seit mindestens 2s rot, ist das Blitzgerät geladen und blitzbereit. Lassen Sie sich bei Serienaufnahmen nicht täuschen, sofort nachdem die Blitz-LED aufleuchtet, können Sie

Blitz-Programmautomatik

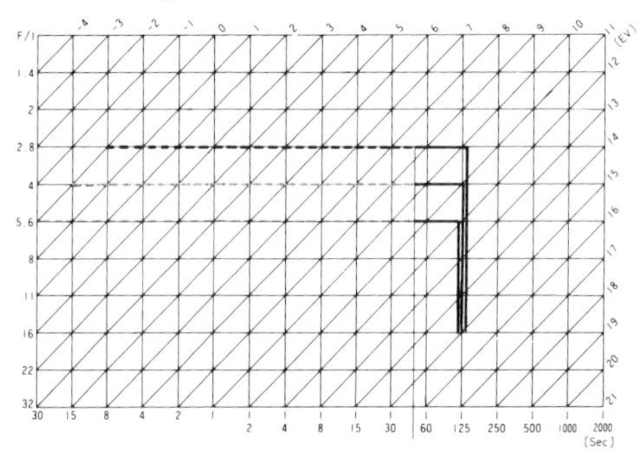

F-601 AF (mit eingebautem Blitz)
F-601 M
F-601 AF (mit zusätzlichem Blitz)

Blitz-Programmautomatik

zwar den Blitz auslösen, doch er hat dann noch nicht ganz 100% Leistung! Blinkt die Blitzsymboldiode nach dem Auslösen mehrmals oder erlischt völlig, war der Blitz zu schwach, d.h. die Entfernung zum Motiv war zu groß oder die Filmempfindlichkeit zu gering. Sie müssen dann mit Unterbelichtung rechnen. Hier hilft nur näher ran ans Motiv!

Blenden- und Verschlußzeitenbereich bei Blitz-Programmautomatik: Der automatisch eingestellte Blendenbereich reicht bei der F-601AF mit eingebautem Blitz von Blende 16 bis Blende 2.8, mit der F-601M bis Blende 4 und bei der F-601AF mit aufgesetzem Systemblitz bis Blende 5.6. Die automatisch eingestellte Verschlußzeit ist normalerweise 1/125s und verlängert sich bei Erreichen der größtmöglichen Blendenöffnung je nach Blitzgerät (eingebaut oder extern) bzw. Kameramodell (F-601 AF bzw. F-601M) über 1/60s bis zu 1/Brennweite. Mit Funktion <<SLOW>> kann evtl. bis 30s verlängert werden. (siehe. Diagramm. Seite 129!).

Für Blitz-Programm weniger geeignet: Wollen Sie bewußt die Schärfentiefe einsetzen, sollten Sie in Verbindung mit der Zeitautomatik blitzen. Wollen Sie beim Aufhellblitzen helleren oder dunkleren Hintergrund, sollten Sie in Verbindung mit der manuellen Belichtungseinstellung arbeiten.

Blitz-Zeitautomatik für variable Schärfentiefe

Wenn Sie die F-601 auf die Belichtungsbetriebsart Zeitautomatik <<A>> einstellen, können Sie beim Blitzen die Blende nach Wunsch vorwählen und damit die Schärfentiefe vorgeben.

So wird's gemacht: Stellen Sie die Kamera auf <<A>>, die Belichtungsmessung auf Matrix und aktivieren Sie «Aufhellblitzen»; das aufgesteckte Nikon-Systemblitzgerät stellen Sie auf «TTL». (Das eingebaute Blitzgerät der F-601AF arbeitet ohnehin nur TTL-gesteuert). Wählen Sie am Blendenring des Objektivs eine Blende, die Verschlußzeit wird dann automatisch zwischen 1/60s und 1/125s variiert und der Blitz wird nach dem Auslösen TTL-gesteuert dosiert. Ergebnis ist, sowohl beim Aufhellblitzen als auch bei Restlicht, eine gewisse Anpassung der Hintergrundhelligkeit an den aufgehellten Vordergrund (allerdings nicht ganz so gut, wie bei Programmautomatik, da von ihr auch die Blende orientiert auf den Hintergrund eingestellt wird).

Blitzkontrolle und Fehlermeldungen: Leuchtet die Blitzsymboldiode seit mindestens 2s rot, ist das Blitzgerät geladen und blitzbereit. Blinkt die Blitzsymboldiode nach dem Auslösen mehrmals oder erlischt völlig, war der Blitz zu schwach, d.h. die Entfernung zum Motiv war zu groß, die Filmempfindlichkeit zu gering, oder die eingestellte Blendenzahl zu groß. Sie müssen dann mit Unterbelichtung rechnen. Hier hilft bei Zeitautomatik aufblenden!

Schärfentiefe nach Wunsch: Im Unterschied zur Programmautomatik können Sie mit der Zeitautomatik durch die Wahl der Blende den Hintergrund nach Wunsch scharf oder unscharf gestalten. Sie können also, wenn Sie Wert auf große Schärfentiefe legen, eine große Blendenzahl vorwählen, oder wenn Sie nur einen sehr geringen Schärfebereich wünschen, mit kleiner Blendenzahl arbeiten - je nachdem, ob Sie mit geschlossener Blende das Hauptmotiv vor scharfem Hintergrund wollen, oder ob Sie es mit offener Blende vor unscharfem Hintergrund herausheben wollen.

Blenden- und Verschlußzeitenbereich bei Blitz-Zeitautomatik: Der vorwählbare Blendenbereich reicht von Blende 1.4 bis Blende 16 (nach meinen Tests mit entsprechender Filmemp-

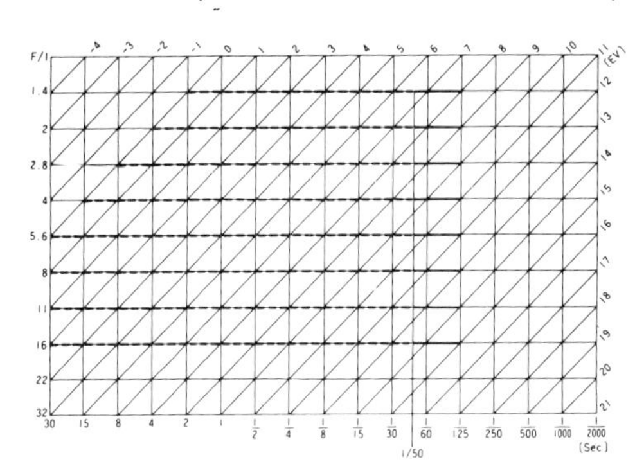

Blitz-Zeitautomatik

findlichkeit auch ohne weiteres bis Blende 32). Die automatisch eingestellte Verschlußzeit ist normalerweise 1/125s und verlängert sich bei Erreichen der größtmöglichen Blendenöffnung je nach Blitzgerät bzw. Kameramodell über 1/60s bis zu 1/Brennweite. Mit Funktion <<SLOW>> kann evtl. bis 30s verlängert werden.

Blitz-Blendenautomatik für Wischeffekte

So wird's gemacht: Mit der Blendenautomatik können Sie in Verbindung mit den Blitzautomatiken, beginnend mit 1/125s bis 30s, jede beliebige Verschlußzeit vorwählen. Da bei spätestens 1/60s jedoch die Gefahr des Verwackelns durch Motiv und Fotograf zunimmt, sehe ich für Aufhellblitzen und normale Blitzfotografie keinerlei Vorteile für die Blendenautomatik.

Gezielte Wischeffekte: Interessant wird jedoch der Einsatz langer Verschlußzeiten, wenn Sie die Bewegungsunschärfe ganz bewußt einsetzen wollen. Das aufgrund der relativ kurzen Blitzleuchtzeit scharfe Blitzbild wird dann nämlich durch ein zweites unscharfes Bewegungsbild überlagert. Dies kann zu sehr interessanten Wischeffekten führen. Nehmen wir als Beispiel eine Verschlußzeiteinstellung von 1/8s. Während der ca. 1/1000s Blitzleuchtzeit wird vor allem das Blitzlicht wirksam sein, während der gesamten 1/8s Belichtungszeit wird jedoch das Motiv zusätzlich durch das normale Umgebungslicht belichtet. Haben Sie nun ein bewegtes Hauptmotiv, wird sich dessen scharfen Blitzlicht-Bild ein zweites bewegungsunscharfes Umgebungslicht-Bild überlagern. Einen ähnlichen Effekt gibt es, wenn sich dem scharfen Blitzkern ein unscharfer Verwackelungsrand überlagert. Wenn also die Verschlußzeit so lang ist,

Harmonisches Aufhellblitzen bei Restlicht: *Das «automatisch ausgewogene» Aufhellblitzen funktioniert nicht nur bei Gegenlicht sondern auch bei noch merklich vorhandenem Restlicht. Bei der mit Matrixmessung und Programmautomatik aufgenommenen Aufnahme (oben) «säuft» der Vordergrund ab, während der zugeschaltete Aufhellblitz (unten) den Vordergrund so dezent aufhellt, daß der Hintergrund nicht «totgeschlagen» wird.* ⇨

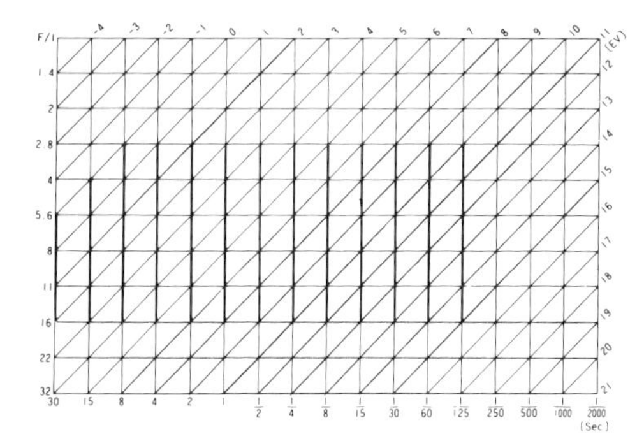

Blitz-Blenden-automatik

daß Sie selbst verwackeln. So mißlungen solche Fotos meistens aussehen, es sind doch immer wieder welche dabei, die durch ihre Bildaussage beeindrucken. Zweifelsohne ein lohnendes Feld zum Experimentieren.

<<REAR>>, der Trick mit dem zweiten Vorhang: In allen Blitzautomatiken können Sie bei langen Belichtungszeiten auf <<REAR>> umschalten. Damit ist die Synchronisation auf den zweiten Verschlußvorhang gemeint. Praktisch heißt das, die Belichtung durch das Restlicht findet vor dem Auslösen des Blitzes statt. Den Unterschied sieht man nur bei genügend langen Verschlußzeiten, bei merklichem Restlicht und bewegten Objekten. Während bei herkömmlicher Synchronisation auf den ersten Verschlußvorhang das Objekt seine Bewegungsspur unnatürlicherweise «vor sich herschiebt», zieht es bei Synchronisation auf den zweiten Vorhang die Spur nach. Die geeignetste Betriebsart für die langen Verschlußzeiten ist sicherlich die Blendenautomatik eventuell auch die manuelle Belichtungseinstellung. Übrigens gilt auch hier, daß man schon einige Filme verbraucht bis man zu vorzeigbaren Fotos kommt.

Praxisvergleich «normales» Blitzen mit «SLOW»-Blitzen auf ersten bzw. zweiten Vorhang: *Die mit normalem matrixgesteuertem Aufhellblitzen mit 1/60s Synchronzeit aufgenommene Aufnahme oben drängt das Restlicht zurück ohne es voll zu «erschlagen». Bei den mit 1/2s aufgenommenen Bildern (mitte u. unten) wird das Restlicht so stark berücksichtigt, daß sich das unscharfe Bewegungsbild dem scharfen Blitzbild überlagert. Mit Synchronisation auf den ersten Verschlußvorhang (mitte) schieben Front- und Rücklichter voraus, während sie bei Synchronisation auf den zweiten Vorhang (unten) nachziehen.*

Blitzkontrolle: Wie bei Programm- und Zeitautomatik, wird auch bei der Blitz-Blendenautomatik die Blitzkontrolle durch die Blitz-LED angezeigt.

Blenden- und Verschlußzeitenbereich bei Blitz-Blendenautomatik: Die Verschlußzeit kann von 1/125s bis 30s vorgewählt werden. Der automatisch eingestellte Blendenbereich reicht bis 8s von Blende 16 bis Blende 2.8, bei 15s bis Blende 4 und bei 30s bis Blende 5.6. (siehe Diagramm Seite 135!).

TTL-gesteuertes Multiblitzen

Steuerung mehrerer Blitzgeräte gleichzeitig: Mit der F-601 brauchen Sie nicht unbedingt mit dem Blitzgerät auf dem Sucherschuh zu blitzen. Ja, Sie können sogar gleichzeitig mit mehreren Geräten und automatischer Blitzsteuerung blitzen. Mit einiger Erfahrung lassen sich so Hintergründe aufhellen, reizvolle Gegenlichtaufnahmen simulieren und vieles mehr. Ausgesprochene Fehlbelichtungen sind durch die Blitzautomatik von vorneherein ausgeschlossen.

Geeignete Blitzgeräte: Für Multiblitzen sollten Sie nur moderne Nikon-Systemblitzgeräte verwenden (s. auch Bedienungsanleitung!). Von der Firma Metz gibt es inzwischen auch einen Multiblitzadapter für das SCA-System. Ob jedoch SCA-Fremd-

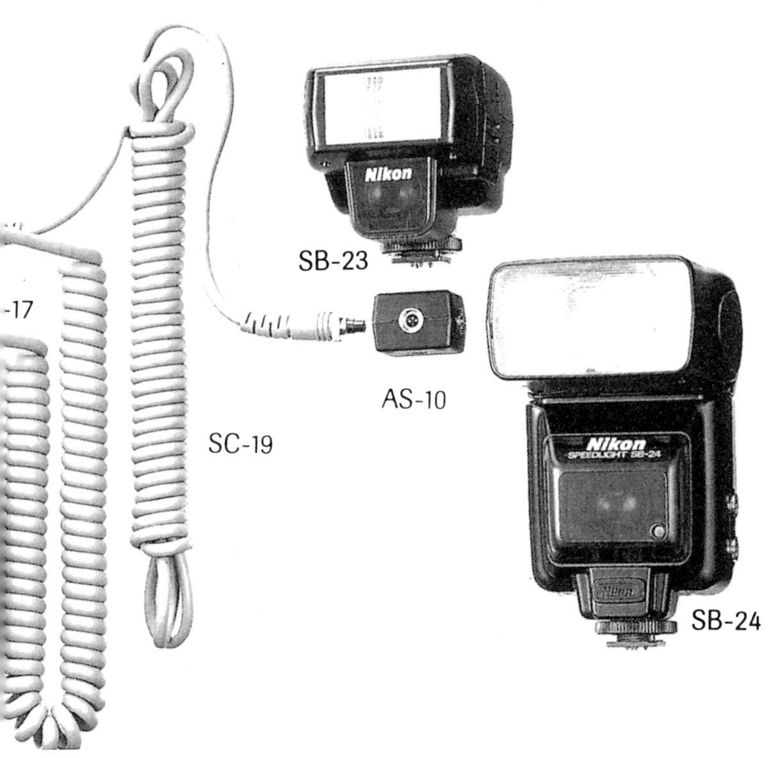

blitzgeräte über diesen Adapter mit Nikon-Blitzgeräten gemischt werden dürfen, wage ich nicht zu entscheiden (am besten explizit Auskunft bei Metz einholen).

Begrenzte Anzahl kombinierbarer Blitzgeräte: Um die Kameraelektronik nicht zu überlasten, dürfen Sie allerdings nicht beliebig viele dieser Blitzgeräte zusammenschalten. Jedem der Nikon-Systemblitzgeräte ist deshalb eine sogenannte «Stromzahl» zugeordnet. Es dürfen immer nur soviele Blitzgeräte kombiniert werden, daß die Summe der Stromzahlen nicht 20 (bei 20°C) bzw. 13 (bei 40°C) überschreitet. Die Stromzahlen der Blitzgeräte betragen: SB-24 (1), SB-23 (4), SB-22 (6), SB-21 (4), SB-20 (9), SB-19 (2), SB-18 (16), SB-17 (4), SB-16 (4), SB-15 (4), SB-14 (1), SB-12 (1) und SB-11 (1).

Multiblitzen mit Blitzautomatik: Prinzipiell eignen sich alle Blitzautomatiken der F-601 für das Multiblitzen gleich gut.

Für Multiblitzen notwendiges Zubehör: Das notwendige Zubehör ist gering. Außer den Blitzgeräten selbst brauchen Sie einen oder mehrere Mehrfachstecker (TTL-Multiflash-Adapter AS-10), ein Blitzschuhadapterkabel (TTL-Kabel SC-17) und Verbindungskabel (TTL-Multiflash-Kabel SC-18 oder SC-19).

Hinweis zum Multiblitzen: Damit die gleichzeitige TTL-Steuerung mehrerer Blitzgeräte wirklich funktioniert, müssen Sie allerdings einige Regeln beachten. Vor allem dürfen Sie nur original Nikon-Systemblitzgeräte miteinander kombinieren. Beim Mischen mit Geräten von Fremdherstellern kann es nicht nur zu Fehlbelichtungen kommen, sondern auch zu Beschädigungen der Kamera und der Blitzgeräte. Dann sollten alle Blitzgeräte ungefähr gleiche Leuchtzeitcharakteristik haben. Dies ist bei den Nikon-Systemblitzgeräten verschiedener Leitzahl allerdings nicht der Fall. In der Praxis spielt dies jedoch keine Rolle, wenn Sie für den Hauptblitz stets das leistungsstärkste Blitzgerät verwenden. Die leistungsschwächeren werden sinnvollerweise zur Aufhellung des Hintergrundes für Effektlichter oder Schattenaufhellung eingesetzt.

Manuelle Belichtungseinstellung mit Blitzautomatik für Hintergrundhelligkeit nach Wunsch

Nicht immer will man beim Aufhellblitzen, daß Vorder- und Hintergrund gleich hell kommen. Es kann im Gegenteil vorteilhaft sein, den Hintergrund dunkler oder heller zu gestalten. Diese Möglichkeit gibt es bei der F-601 bei manueller Belichtungseinstellung in Kombination mit allen Blitzautomatiken (Vorsicht: Blitzgerät auf «TTL» nicht fälschlich auf «M» einstellen!).

So wird's gemacht: Beim Aufhellblitzen mit manueller Einstellung sollten Sie zunächst eine Verschlußzeit zwischen 1/60s und 1/125s einstellen und dann das Hauptmotiv ganz normal anmessen und Belichtungsabgleich einstellen, wie für eine Aufnahme ohne Blitz. Die so ermittelte Blende können Sie nun bis zu ca. 2 Stufen schließen, um den Hintergrund deutlich dunkler, oder bis ca. 2 Stufen öffnen um den Hintergrund deutlich heller zu gestalten. Man muß das allerdings ein paarmal ausprobiert haben, damit die Aufnahmen auf Anhieb so werden wie gewünscht.

Wann längere Verschlußzeiten: Längere Verschlußzeiten als 1/60s sind für Aufhellblitzen mit manueller Belichtungseinstellung wenig sinnvoll. Bei Nachtaufnahmen mit Restlicht geben längere Verschlußzeiten dagegen ähnliche Wischeffekte wie die Blendenautomatik.

Blitzkontrolle: Wie bei Programm- und Zeitautomatik wird auch bei der Blendenautomatik die Blitzkontrolle durch die Blitz-LED angezeigt.

Prinzipielle Grenzen der Blitzautomatiken

Grenzen der Belichtungsautomatik: Wie jede Meßregelung hat auch jede Blitzautomatik ihre Grenzen. Soweit es die Belichtungsmessung vor dem eigentlichen Blitzen betrifft, sind es die typischen Grenzen der Matrix-Messung und der mittenbetonten Messung.

Grenzen der Blitzdosierung: Aber auch die Feindosierung des Blitzes durch die TTL-Messung während des Blitzens funktioniert nur bedingt. Schließlich braucht es eine gewisse Zeit, bis die Kameraelektronik gemessen, gerechnet und dem Blitzgerät das Abstellsignal gesandt hat.

Überbelichtungsgefahr beim TTL-Blitzen: Sie besteht bei TTL-gesteuertem Blitzen vor allem dann, wenn gemessen an der Leitzahl des Blitzgerätes und an der Filmempfindlichkeit die Entfernung zum Motiv sehr klein ist. Hier hilft bei Zeitautomatik oder manueller Belichtung Abblenden, sonst nur ein weniger empfindlicher Film. Ein guter Trick ist ein Neutraldichtefilter vor dem Blitzgerät. Auch Transparentpapier oder Schreibmaschinenpapier (weißes!) zur Drosselung der Blitzleistung geeignet.

Unterbelichtungsgefahr beim TTL-Blitzen: Sie besteht dann, wenn die Motiventfernung so groß wird, daß die maximale Lichtmenge, die das Blitzgerät abgeben kann, einfach nicht mehr reicht. Diese maximale Blitzreichweite, die bei kleiner Blendenöffnung (großer Blendenzahl) geringer und bei großer Blendenöffnung (kleiner Blendenzahl) größer wird, entspricht im übrigen der Reichweite des Blitzgerätes in Betriebsart «Manuell». Mehr als den Befehl «volle Blitzleistung», kann die beste Blitzautomatik nicht geben. Reicht diese Blitzleistung nicht aus, hilft nur näher an das Motiv heranzugehen, einen empfindlicheren Film einzulegen oder bei Zeitautomatik bzw. manueller Einstellung aufzublenden.

Ungewöhnliches Reflexionsvermögen: Probleme gibt es auch beim Blitzen mit Motiven mit ungewöhnlichem Reflexionsvermögen. Die weiß gekleidete Braut vor weißer Wand z.B. kommt zu dunkel, die schwarz gekleidete Witwe vor dem schwarzen Sarg z.B. zu hell. Wenn Sie hier besser sein wollen als die Blitzautomatiken der F-601, dann müssen Sie das Blitzgerät und die Kamera auf voll manuelles Blitzen umstellen. Ist das Motiv in seinem Reflexionsvermögen stark uneinheitlich, ist ebenfalls kein hundertprozentiger Verlaß auf die Blitzautomatik. Hier müssen Sie schon Mitdenken und selbst entscheiden, ob Sie nun auf die stark oder schwach reflektierenden Partien belichten wollen. Auch das ist nur mit manuellem Blitzen möglich.

Blitzreichweiten und Blendenbereich bei TTL-Blitzautomatik

Die Leistungsstärke des Blitzgerätes, die Filmempfindlichkeit und auch die Entfernung des Hauptmotivs erlauben nur jeweils eine begrenzte Anzahl von Blenden, bei denen die TTL-Blitzautomatik noch einwandfrei funktioniert. Sie können dies im Unterkapitel «Empfohlene Nikon-Systemblitzgeräte» im Detail studieren.

Blitzautomatiken: Einsetzbarer Filmempfindlichkeitsbereich

Nur bis ISO 1000: Die Blitzautomatiken der F-601 lassen sich Prinzipiell nur bei Filmempfindlichkeiten von ISO 25 bis ISO 1000 einsetzen.

Empfindlichkeitsbereich bei Belichtungskorrekturen: Da sich das Einstellen normaler Belichtungskorrekturen wie die Verwendung anderer Filmempfindlichkeit auswirkt, ändert sich beim Einsatz der Blitzautomatiken mit der F-601 auch der Bereich der erlaubten Belichtungskorrekturwerte. Überblick gibt die nachfolgende Tabelle:

	Belichtungskorrekturwerte								
	+3	**+2**	**+1**	**0**	**-1**	**-2**	**-3**	**-4**	**-5**
25	-	-	-	ja	ja	ja	ja	ja	ja
50	-	-	ja	ja	ja	ja	ja	ja	-
100	-	ja	ja	ja	ja	ja	ja	-	-
200	ja	ja	ja	ja	ja	ja	-	-	-
400	ja	ja	ja	ja	ja	-	-	-	-
800/1000 (ISO)	ja	ja	ja	ja	-	-	-	-	-
Filmempfindlichkeit									

Vollmanuelles Blitzen für Sonderfälle

Manuell nicht unbedingt besser: Das Profiargument, mit dem manuellen Blitz könne man genauer als mit jeder Automatik belichten, gilt nur bei entsprechendem Knowhow und bei gleichzeitiger Verwendung eines guten Blitzbelichtungsmessers. Ohne Blitzbelichtungsmesser müssen Sie aufgrund der Motiventfernung, der Filmempfindlichkeit und der Leitzahl die geeignete Blende errechnen und an der Kamera einstellen. Da jedoch die effektive Blitzleitzahl oft schwankt, und auch die Lichtreflektion der Umgebung eine wichtige Rolle spielt, sind für perfekte Blitzaufnahmen fast immer Belichtungsreihen nötig.

Nur für Problemmotive: Ich kann mir eigentlich nur zwei Situationen vorstellen, in denen Sie mit der F-601 mit rein manuellem Blitz arbeiten könnten: Entweder haben Sie noch ein leistungsstarkes manuelles Elektronenblitzgerät herumliegen und wollen es auch gerne an Ihrer neuen Kamera verwenden (Vorsicht, erst Eignung checken!), oder es ist eine der sehr seltenen Aufnahmesituationen, wo Sie mit manuellem Blitzen besser sein können als mit der Blitzautomatik. In diesem Fall können Sie alle Nikon-Systemblitzgeräte auf manuellen Betrieb umstellen.

So wird's gemacht: Arbeiten Sie in Belichtungsbetriebsart <<M>> der F-601. Stellen Sie die Verschlußzeiten auf 1/125s oder länger ein. Stellen Sie das Blitzgerät ebenfalls auf Betriebsart <<M>>. Stellen Sie am Rechenschieber des Blitzgerätes die verwendete Filmempfindlichkeit ein und lesen Sie die zur Motiventfernung passende Blende ab. Stellen Sie die am Blitzrechenschieber abgelesene Blende am Objektiv der Kamera ein. Jetzt brauchen Sie nur noch auszulösen. Das geht in Sekundenschnelle.

Die richtige Entfernung bzw. Blende: Die einzustellende Blende hängt wie gesagt von der Entfernung zum Motiv ab. Doch in den seltensten Fällen haben wir ein Objekt, das sich wirklich in einheitlicher Entfernung befindet. Die wenigsten Motive sind flächig, meist haben sie räumliche Tiefe. Denken Sie nur an eine lange Hochzeitstafel: Stellen Sie die Blende gemäß der Entfernung zur Tafelmitte ein, kann es durchaus vorkommen, daß die Braut im Vordergrund zu hell wiedergegeben wird, die Schwiegermutter in der Mitte recht gut, während aus dem Dunkel am Tafelende nur noch schemenhaft die rote Nase des Pastors leuchtet. Auch das indirekte Blitzen gegen eine weiße Decke ist in solchen Situationen mit manuellem Blitz das reine Lotteriespiel. Denn welche Blende sollen Sie jetzt einstellen? Bei TTL-Blitzen würde dagegen auch bei indirektem Blitz die Blitzhelligkeit im Motiv gemessen. Sie sehen, abgesehen von extremen Motiven wie «Schwarz in Schwarz» oder «Weiß in Weiß» ist manuelles Blitzen in fast allen Situationen umständlicher und weniger genau als die Blitzautomatiken der F-601.

Jedes Motiv optimal geblitzt

Es gibt praktisch kein Motiv, das Sie mit der F-601 nicht erfolgreich blitzen könnten. Wobei natürlich klar sein muß, daß die Ausleuchtung eines Kirchenschiffes, eines Marktplatzes bei Nacht oder einer Turnhalle, mit den normalen Nikon-Systemblitzgeräten nicht möglich ist. Bei normalen Motiven haben Sie jedoch keine Probleme mit der Leistung der Nikon-Blitzgeräte, die je nach Modell und Betriebsart bei ISO 100 ca. 5m - 12m Reichweite haben.

Erinnerungsfotos: Ob Geburtstagsfeier, Mäxchen unterm Christbaum, Dienstjubiläum oder 10. Scheidungstag, die wohl häufigste Aufnahme ist das Erinnerungsfoto. Meist sind es Aufnahmen in Innenräumen aus vielleicht 1.5m - 4m Entfernung. Geeignet sind dafür Objektivbrennweiten zwischen ca. 28mm und 100mm. Mit einem Blitzgerät der Leitzahl 20 und Filmen mit ISO 100 oder ISO 200 kommt man dabei fast immer aus. Bei direktem Blitzen müssen Sie aufpassen, daß das Motiv nicht zu tief gestaffelt ist. Wegen des Lichtabfalls kommt sonst entweder der Vordergrund zu hell oder der Hintergrund zu dunkel. Besonders macht sich dies auf den belichtungskritischen Diafilmen bemerkbar. Wenn Sie jedoch indirekt Blitzen können, z.B. an eine weiße Decke, dann klappt es meistens recht gut. Hier funktioniert nach meinen praktischen Erfahrungen das matrixgesteuerte Blitzen ganz hervorragend.

«Blitzgesichter»: Gegen unnatürlich ausgebleicht hell wirkende, typische Blitzgesichter hilft, neben indirektem Blitzen, ein Diffusor vor dem Blitzreflektor. Notfalls genügt dazu ein Stück Transparentpapier, das mit Tesafilm gebauscht vor den Blitzreflektor geklebt wird. Bei automatisch gesteuertem Aufhellblitzen ist dies oft nicht nötig, da hier der Blitz ohnehin so knapp wie möglich dosiert wird.

Rote Augen: Zu den berüchtigten roten Augen kommt es leicht durch direkt auf den Zubehörschuh der Kamera montierte Blitzgeräte. Fallen nämlich Objektivachse und Blitzachse ungefähr zusammen, wird das am roten Augengrund reflektierte Licht sichtbar. Ist dagegen ein merklicher Winkel zwischen Blitz und Objektivachse, wird das rote Licht aus dem Bildfeld herausreflektiert. Gut geeignet zur Vermeidung roter Augen ist deshalb indirektes Blitzen, bzw. wird durch einen Diffusor vor dem Blitz, dieser Effekt gemildert. Mit dem SB-24 hatte ich ohne diese Tricks wenig Probleme. Hinweis: Indirektes Blitzen und Diffusoren vor dem Blitz kosten Blitzleistung. Die effektive Blitzleistung nimmt je nach Entfernung zum Motiv um einige Blenden ab.

Architektur: Für Architekturaufnahmen im Gebäudeinneren brauchen Sie bei großen Räumen entsprechend starke Blitzgeräte. Leitzahl 30 ist kein Luxus. Da man wegen des meist begrenzten Abstands zum Objekt ohnehin Weitwinkel-Objektive einsetzt, muß der Weitwinkelstreuvorsatz vor dem Blitzreflektor verwendet werden. Auch das kostet Blitzleistung. Bei großen Räumen ist es auch günstig, mit zusätzlichen Servoblitzgeräten zu arbeiten, die außerhalb des Bildfelds angebracht, auch die entfernten Ecken aufhellen. (Der Geheimtip hierfür sind preisgünstige, direkt in normale Glühlampenfassungen einschraubbare Geräte.)

Sport und Action: Sport- und Actionfotos sind eine Domäne der Teleaufnahmen. Hier sollten Sie, trotz Blitz, zu höherempfindlichen Filmen greifen und evtl. einen lichtkonzentrierenden Televorsatz für das Blitzgerät verwenden. Bei der F-601 liegt die Obergrenze der mit TTL-Steuerung nutzbaren Filmempfindlichkeit bei ISO 1000. Übrigens, bei Sportwettkämpfen ist das Blitzen fast immer verboten.

Porträts und Sachaufnahmen: Studiomäßige Porträts oder auch Sachaufnahmen erfordern meist hohe Blitzleistung, da wegen der geforderten Bildschärfe der Einsatz niedrigempfindlicher Filme unerläßlich ist. Für gleichmäßige Ausleuchtung ist zu sorgen. Schlagschatten und überhaupt harter Beleuchtungskontrast stören. Starke Schatten als künstlerisches Stilmittel sollten Sie erst dann einsetzen, wenn Sie das Ausleuchten nach Maß bereits beherrschen. Man kommt mit einem einzigen Blitzgerät bei solchen Aufnahmen erstaunlich weit. Man kann z.B. mit einem Reflektorschirm den Blitz in eine größflächige, weiche Lichtquelle verwandeln. Ein zusätzlicher weißer oder silberner Reflektor (Pappe mit Alufolie, weiße Styroporplatte oder ähnliches) dient zur Aufhellung der Schatten. Noch gezielter läßt sich mit mehreren Blitzgeräten arbeiten. Für dieses Multiblitzen reichen drei Blitzgeräte für fast alle Aufgaben. Normalerweise werden Sie das stärkste Gerät mehr oder weniger frontal als Hauptlicht einsetzen (bei Sachaufnahmen eventuell auch als Oberlicht). Falls Sie für den Hauptblitz keinen Reflektorschirm verwenden, eignet sich auch ein großer Bogen Transparentpapier als Diffusor, den Sie zwischen Hauptblitz und Motiv in etwa 1m Abstand vor den Blitz hängen. Ebenso brauchbar ist auch spezielle Diffusorfolie. Ein zweites, schwächeres Gerät können Sie zur Regelung der Hintergrundhelligkeit oder als Unterlicht einsetzen. Mit dem dritten Gerät setzen Sie Akzente, beispielsweise durch Streiflicht. Das Fehlen des Einstellichts muß nicht stören. Mit zwei billigen Klemmleuchten, bestückt mit rückseitenverspiegelter 60 Watt Glühlampe, haben Sie fast perfekte Einstellichter.

Tabletopaufnahmen: Hier gilt ähnliches. Nur, daß jetzt bei kleineren Objekten eine gleichmäßige Ausleuchtung auch noch durch andere Tricks erreicht werden kann. Der Geheimtip ist ein Lichtzelt aus Transparentpapier oder Kunststoffstreufolie und Beleuchtung von links und rechts mit je einem Blitzgerät.

Repros: Machen Sie am besten mit zwei Blitzgeräten gleicher Stärke von links und rechts und einem Winkel von 45°. Der Abstand zur Vorlage sollte bis DIN A 2 etwa 80cm betragen. Zu empfehlen sind für diesen Anwendungsbereich auch Diffusorfolien vor den Blitzgeräten.

Makroaufnahmen: Ausgesprochene Makroaufnahmen machen Sie am besten mit einem «entfesselten» Blitzgerät. Gut geeignet sind alle modernen Nikon-Systemblitzgeräte mit dem Multiflashkabel und dem Multiflashadapter. Erweist sich ihre Helligkeit als zu groß, kann sie jederzeit durch Vorsetzen von neutralgrauer Filterfolie oder einfach von weißem Schreibmaschinenpapier gedämpft werden. Nikon schreibt je nach Filmempfindlichkeit für Blitzabstände von weniger als 60cm eine Mindestblende für das TTL-gesteuerte Blitzen vor. Wird nämlich eine größere Blendenöffnung als diese Mindestblende eingestellt, reicht die Reaktionszeit der TTL-Blitzsteuerung für eine exakte Blitzdosierung eventuell nicht mehr aus!

Mindestblende bei Makroaufnahmen mit TTL-Blitzsteuerung:

		Filmempfindlichkeit	
	ISO 50	ISO 100	ISO 200
Blitzdistanz			
25 cm	Bl. 11	Bl. 16	Bl. 22
50 cm	Bl. 5.6	Bl. 8	Bl.11
		Mindest-Blendenzahl	

Diaduplizieren: Für das Diaduplizieren haben sich Blitzgeräte ebenfalls hervorragend bewährt. Leider gibt es die Einschränkung, daß wegen der geringen Empfindlichkeit des Kodak-Slide Duplicating-Films, die TTL-Blitzsteuerung eventuell nicht mehr genutzt werden kann. Am besten ist es wohl, mit einer Empfindlichkeitseinstellung von ISO 6 und TTL-gesteuertem, mittenbetontem Blitzen Probeaufnahmen zu machen. Die Blitzbelichtung kann dann durch verschiedene Entfernungen des Blitzgerätes zum Diaduplikator oder durch Zwischenschalten unterschiedlich starker Neutraldichte-Filter variiert werden. Ideal auch hierfür die manuelle Blitzkorrektur beim TTL-Blitzen mit der Sie zwischen +1 und -3 Belichtungsstufen variieren können. Für die beim Diaduplizieren stets erforderliche Farbfilterung besorgen Sie sich am besten einen CC-Filtersatz (z.B. von HAMA).

Blitzgeräte

Empfohlene Nikon-Systemblitzgeräte

Aus der großen Palette der original Nikon-Systemblitzgeräte sind für die F-601AF wegen des integrierten AF-Illuminators vor allem SB-20, SB-22, SB-23 und SB-24 zu empfehlen (s.a. Bedienungsanleitung!). Für die F-601M empfehlen sich vor allem die anderen modernen Nikon-TTL-System-Blitzgeräte ohne AF-Illuminator wie z.B. SB-15, SB-18 oder SB-16B (s.a. Bedienungsanleitung!).

Nikon-Systemblitzgeräte:
obere Reihe (v.l.n.r.):
SB-22, SB-20, SB-16B,SB-15.
untere Reihe: (v.l.n.r.):
SB-24,SB-23

Das richtige Blitzgerät zur F-601: Zur F-601AF paßt im Normalfall wohl am besten das SB-20, denn auf Grund der höheren Leitzahl und des Zoom-Reflektors ergänzt es den eingebauten Blitz am besten. Den SB-24 kann ich - obwohl er derzeit wohl das beste Nikon Systemblitzgerät ist - nur bedingt zur F-601 empfehlen. Ein guter Teil seiner Möglichkeiten werden nämlich mit der F-601 nicht genutzt.

Gerätetyp	Leitzahl*	Brennweiten-bereich	Batterien	Blitz folge-zeit ca.	Blitz-anzahl ca.	AF-Meßblitz eingebaut	automat. Aufhell-blitzen
eingebauter Blitz (nur F-601AF)	13	28mm	-	4s	220	-	ja
SB-20	30	28mm-85mm Zoomreflektor	4 Mignon	6s	160	ja	ja
SB-22	25	28mm-35mm Streuscheibe	4 Mignon	4s	200	ja	ja
SB-23	20	35mm	4 Mignon	2s	400	ja	ja
SB-24	36	24mm-85mm motorischer Zoomreflektor	4 Mignon	7s	100	ja	ja

**Die Leitzahlen in der Übersichtstabelle beziehen sich immer auf ISO 100 und 50mm Brennweite.*

Der eingebaute Blitz der F-601AF

Der eingebaute Blitz arbeitet ohne Einschränkung mit allen Blitzautomatiken der F-601AF. Gleichmäßigere und «schönere» Ausleuchtung erhält man jedoch in der Regel mit einem zusätzlichen, leistungsstärkeren Systemblitzgerät. Ein Umstellen auf voll manuellen Betrieb ist mit dem eingebauten Blitz nicht möglich.

Kein Zusammenwirken mit aufgestecktem Blitzgerät: Sobald der eingebaute Blitz aufgeklappt ist, wird ein zusätzlich aufgestecktes Blitzgerät nicht ausgelöst.

Nikon Blitzgeräte und Zubehör (Auswahl)

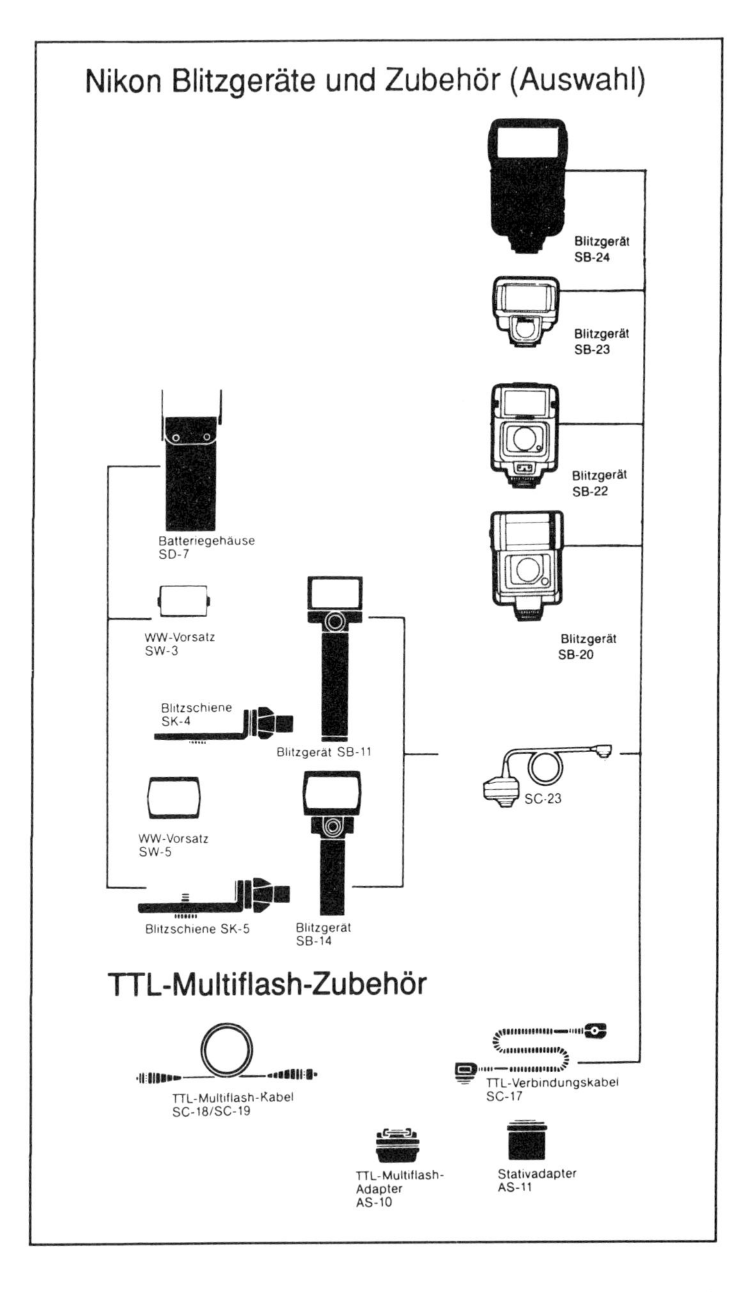

Blitzreichweite: Der in die F-601AF eingebaute Blitz bietet mit Leitzahl 13 bei ISO 100 eine Reichweite von theoretisch bis zu 9m. In der Praxis heißt das jedoch, daß Sie mit einem ISO 100 Film von ca. 0,6m bis ca. 3,5m gut belichtete Blitzaufnahmen erhalten können.

Zuschalten: Mit Eindrücken der beiden Arretierungsknöpfe, links und rechts vorne am Prisma, klappt der Blitz hoch und lädt sich auf, ca. 2s nach Aufleuchten der Blitzdiode im Sucher kann dann ausgelöst werden.

Bei Nichtgebrauch sofort wieder einklappen: Das eingebaute Blitzgerät zehrt sehr an der Kapazität der Lithiumbatterie. Um Strom zu sparen, sollten Sie also bei Blitzfotopausen, das Blitzgerät sofort wieder einklappen!

Sonnenblende abnehmen: Bei Einsatz des eingebauten Blitzgeräts müssen Gegenlichtblenden vom Objektiv genommen werden, um Vignettierungen des Blitzes zu vermeiden!

Reichweiten und Blendenbereich der Nikon-Systemblitzgeräte

In den beiden nachfolgenden Tabellen für den eingebauten Blitz der F-601AF und einige der Nikon-Systemblitzgeräte können Sie deren Unterschiede in Reichweite und Regelbereich (Blende) im Detail studieren. Mit mittelempfindlichem Film und bei mittlerer Motiventfernung ist die Anzahl der erlaubten Blenden-

Eingebauter Blitz: Regelbereich der TTL-Blitzsteuerung

	Filmempfindlichkeit						Blitzreichweite
	25	50	100	200	400	800	
Blenden	–	–	–	–	2	2,8	3,2~13
	–	–	–	2	2,8	4	2,3~9,2
	–	1,4	2	2,8	4	5,6	1,6~6,5
	1,4	2	2,8	4	5,6	8	1,1~4,6
	2	2,8	4	5,6	8	11	0,8~3,3
	2,8	4	5,6	8	11	16	0,6~2,3
	4	5,6	8	11	16	22	0,6~1,6
	5,6	8	11	16	22	–	0,6~1,2

werte (manuell oder automatisch) am größten. Erlaubt sind übrigens nicht nur volle Blendenwerte, sondern natürlich auch alle Blendenzwischenwerte.

Grenzen des Regelbereichs bei TTL-Blitzsteuerung							
Blitzgerät	**Blende**	**Mindestabstand (m)**			**Reichweite (m)***		
		100 ISO	**200 ISO**	**400 ISO**	**100 ISO**	**200 ISO**	**400 ISO**
SB-11	22	1	1,4	2	18	25	36
SB-14	22	1	1,4	2	16	22	32
SB-18	16	0,6	0,85	1,2	10	14	20
SB-15	16	0,6	0,85	1,2	12,5	17	25
SB-16B	22	0,6	1,2	0,85	16	22	32

*) bei Blende 2

SB-20: Regelbereich der TTL-Blitzsteuerung							
Filmempfindlichkeit (ISO)					Blitzreichweite (m) bei Zoomreflektor-Einstellung auf		
400	200	100	50	25	Weitwinkel	Normal	Tele
Blende							
2					2,8—20	3,8—20	4,5—20
2,8	2				2,0—15	2,7—20	3,2—20
4	2,8	2			1,4—11	1,9—15	2,3—18
5,6	4	2,8	2		1,0—7,8	1,3—10	1,6—12
8	5,6	4	2,8	2	0,7—5,5	1,0—7,5	1,2—9,0
11	8	5,6	4	2,8	0,6—3,9	0,7—5,3	0,8—6,3
16	11	8	5,6	4	0,6—2,7	0,6—3,7	0,6—4,5
22	16	11	8	5,6	0,5—1,9	0,6—2,6	0,6—3,2
	22	16	11	8	0,6—1,4	0,6—1,9	0,6—2,2
		22	16	11	0,6—1,0	0,6—1,3	0,6—1,5

SB-22: Regelbereich der TTL-Blitzsteuerung						
Filmempfindlichkeit (ISO)					Blitzreichweite (m)	
400	200	100	50	25	Normal	mit WW-Streuscheibe
Blende						
2					3,2—20	2,2—17
2,8	2				2,2—17	1,6—12
4	2,8	2			1,6—12	1,1—8.8
5,6	4	2,8	2		1,1—8,8	0,8—6,2
8	5,6	4	2,8	2	0,8—6,2	0,6—4,4
11	8	5,6	4	2,8	0,6—4,4	0,6—3,1
16	11	8	5,6	4	0,6—3,1	0,6—2,2
22	16	11	8	5,6	0,6—2,2	0,6—1,5
	22	16	11	8	0,6—1,5	0,6—1,1
		22	16	11	0,6—1,1	0,6—0,7

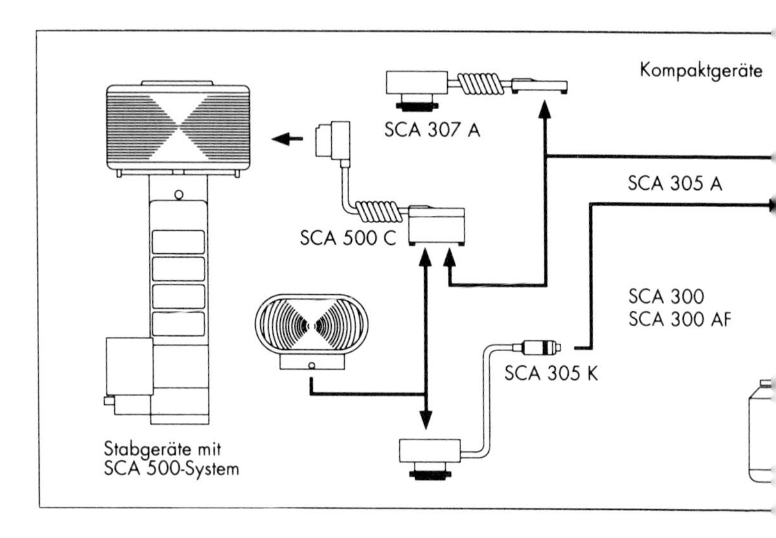

SB-24: Regelbereich der TTL-Blitzsteuerung								
Filmempfindlichkeit (ISO)						Blitzreichweite (m) bei Zoomreflektor-Einstellung auf		
800	400	200	100	50	25	Weitwinkel	Normal	Tele
Blende								
2	1,4					5,2—20	7,5—20	8,9—20
2,8	2	1,4				3,7—20	5,2—20	6,3—20
4	2,8	2	1,4			2,6—20	3,7—20	4,4—20
5,6	4	2,8	2	1,4		1,8—15	2,6—20	3,2—20
8	5,6	4	2,8	2	1,4	1,3—10	1,8—14	2,3—17
11	8	5,6	4	2,8	2	1,0—7,5	1,3—10	1,6—12
16	11	8	5,6	4	2,8	0,7—5,3	1,0—7,4	1,1—8,8
22	16	11	8	5,6	4	0,6—3,7	0,7—5,2	0,8—6,2
32	22	16	11	8	5,6	0,6—2,6	0,6—3,7	0,6—4,4
	32	22	16	11	8	0,6—1,8	0,6—2,6	0,6—3,1
		32	22	16	11	0,6—1,3	0,6—1,8	0,6—2,2
			32	22	16	0,6—0,9	0,6—1,3	0,6—1,5

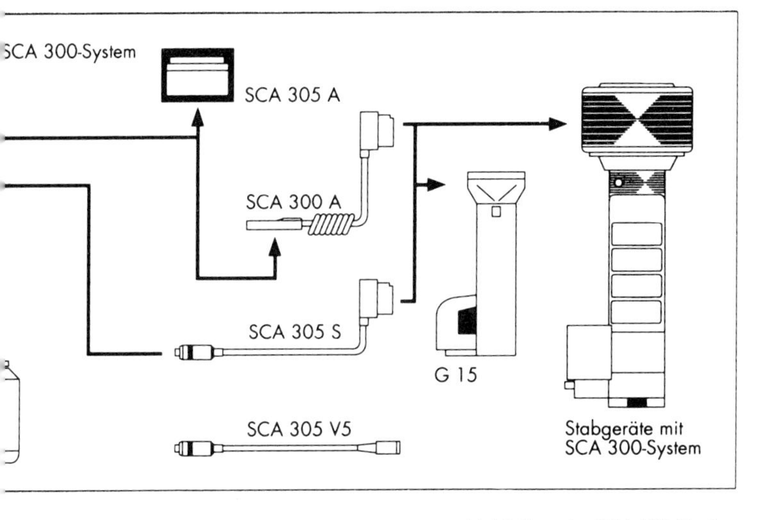

Multiblitzen im SCA 300-System

Blitzgeräte von Fremdherstellern

Wichtiger Hinweis: Vor Benützung von Fremdblitzgeräten müssen Sie sicherstellen, daß die am ISO-Kontakt anliegende Spannung im Niederspannungsbereich (nicht mehr als 9-12 Volt) liegt! Ältere Geräte arbeiten z.T. noch mit der Blitzhochspannung, was zur Zerstörung moderner Kameraelektronik führen kann (nicht nur bei der Nikon F-601). Darüberhinaus darf der ISO-Kontakt des Blitzgeräts nur so dick sein, daß die Gefahr des Berührens oder Überbrückens der Nikon-Systemkontakte im Blitzschuh nicht besteht. Bei Verwendung von Fremdblitzgeräten mit Systemkontakten ist vor Gebrauch sicherzustellen, daß sie wirklich zu Nikon voll kompatibel sind! Bei Verwendung der Blitzgeräte von Fremdherstellern kann Nikon verständlicherweise ebensowenig Garantie übernehmen, wie für dadurch eventuell an der Kameraelektronik verursachte Schäden!

Anschluß über SCA-Adapter: Angesichts der stattlichen Preise der meisten Nikon-Systemblitzgeräte kann es Ihnen keiner übelnehmen, wenn Sie sich unter den Blitzgeräten anderer Hersteller umsehen. Auch diese bieten inzwischen eine ganze Reihe von Geräten an, die mit Nikon kompatibel sind. Mit Systemadaptern sind diese Dedicaded-Blitzgeräte an der F-601 auch für die TTL-Blitzsteuerung geeignet. Angeblich sind die Blitzgeräte der SCA-300 Herstellerfirmen u.a. Metz, Braun, Cullmann und Osram mit dem Adapter SCA-343 zur F-601 kompatibel. Einige Firmen, wie Metz, bieten inzwischen auch Adapter mit AF-Illuminator an (SCA-346). Aufgrund des rasanten Wandels von Kameras und Blitzgeräten ist jedoch das Adapterwesen ständig im Umbruch. Und wenn Sie sich beim Blitzgerätekauf nicht sicher sind gilt: Nicht sofort kaufen, sondern erst beim Blitzgerätehersteller schriftlich anfragen und die Eignung für die F-601 bestätigen lassen. Dann ist nämlich bei namhaften Firmen auch ein eventueller Garantiefall kein Problem.

Die Aufnahme dieses Anglers in Marokko führt beim Betrachter nicht nur zu Urlaubsassoziationen sondern strahlt auch wohltuende Ruhe aus.
Foto: Wolf Huber

Jetzt auch Anschluß mehrerer Blitzgeräte über SCA-Multiconnector: Im System SCA-300 wird jetzt ein zu den Nikon-Adaptern SCA 343 bzw. SCA 346 AF passender Multiconnector SCA 305 A angeboten. Mit ihm ist der TTL-gesteuerte Anschluß mehrerer Nikon-kompatibler SCA-300-Blitzgeräte möglich.

Preis und Leistung: Eine andere Frage ist, ob sich die Anschaffung eines Fremdblitzgerätes wirklich lohnt. Relativ preisgünstige Alternative zu den Nikon-Blitzgeräten wäre, nach meiner Sicht, zur F-601AF das Metz 32 CT 7 (mit AF-Adapter 346) und zur F-601M das Metz 30 TTL 1, beide mit Leitzahl 32. Leitzahl 60 bekommen Sie derzeit nur bei dem Metz 60 CT 4 (mit SCA-Adapter 343 bzw. AF-Adapter 346).

Einfache Fremd-Blitzgeräte nur als Notlösung: Wenn Sie bereits ein Gerät dieses Typs besitzen, stellt sich die Frage: «Lohnt sich ein neues Blitzgerät?». Für die F-601 mit ihren vielen Blitzautomatiken würde ich sagen, eigentlich immer. Und vor allem verwenden Sie alte Blitzgeräte oder auch moderne Fremdgeräte nur, wenn Sie sie zuvor auf die Tauglichkeit gecheckt haben. Nicht, daß es durch falsches Sparen oder gedankenloses Probieren zu Schäden an Ihrer Kamera kommt (s.o.)! Nur falls dies überprüft ist, ein paar Tips zur Verwendung von sog. «Computer-Blitzen» mit der F-601: Das Blitzgerät auf die Kamera setzen, Verschlußzeit in Belichtungsbetriebsart <<M>> auf 1/60s bis 1/125s einstellen, die der Filmempfindlichkeit entsprechende Blende an der Rechenscheibe oder Rechenleiste des Blitzgerätes ablesen und diese Blende am Objetiv einstellen. Wenn Sie dann noch überprüft haben, ob das Motiv innerhalb der Blitzreichweite ist (entweder auf der Rechenscheibe des Blitzgeräts oder in der Geräte-Anleitung), können Sie auslösen. Die Meßzelle im Computer-Blitzgerät mißt dann automatisch das vom Motiv reflektierte Licht und regelt darüber die Blitzleuchtzeit. Ähnlich ist es mit dem Einsatz einfacher «manueller» Blitzgeräte.

Ohne den 20mm-Weitwinkel wären weder der bizarre Baum noch die räumlich tief gestaffelte Küstenlandschaft so ins Bild zu setzen gewesen. Die optimale Belichtung ist bei diesen Motiven schwierig, hier hilft evtl. eine Belichtungsreihe. Fotos: Wolf Huber

Richtiger Einsatz der Objektive

Fotografieren heißt Mitteilen

Betrachtet man die professionelle Fotografie, besteht die «hohe Kunst» darin, daß der Fotograf bereits vor dem Griff zur Kamera genau weiß, was er mit seinen Bildern sagen will, bzw. was er auftragsgemäß zu sagen hat. Wenn diese geforderte Aussage dann tatsächlich zum Betrachter der Bilder rüberkommt, ist es das Ergebnis von *visuellem Umsetzungsvermögen und angewandter Fototechnik*. Auch dem ambitionierten Hobbyfotografen stellt sich genaugenommen keine andere Aufgabe. Das Erlernen visuellen Umsetzungsvermögens ist sicher nicht durch Bücherlesen möglich. Ich meine, das läßt sich nur durch möglichst viel Fotografieren und Komunikation mit anderen Fotografen und interessiertem Publikum durch «learning by doing» erreichen. Auf die technische Seite will ich dagegen eingehen, soweit es der Rahmen des vorliegenden Buches erlaubt. Die nachfolgenden Unterkapitel behandeln die technische Seite der Bildgestaltung.

Gute Bilder - nicht nur eine Frage von Geld und Technik!

«Welche Objektive muß ich kaufen, damit meine Fotos besser werden?» Diese oft gestellte Frage verwechselt Ursache und Wirkung. Schließlich werden die Bilder vom Fotografen gemacht und nicht vom Objektiv. Welches Objektiv das richtige ist,

Strukturen haben ihren ganz ästhetischen Reiz. Sie gekonnt aufs Bild zu bringen erfordert natürlich die geeignete Objektivbrennweite. Die Freileitungsreparatur z.B. wurde mit dem Tele, die winterlichen Hopfenfelder in der niederbayerischen Holledau wurden mit dem Weitwinkel aufgenommen.
Foto: Rudolf Dietrich

hängt davon ab, welche Motive Sie fotografieren und welche Bildaussage Sie machen wollen. Erst mal sollte man sich über seine fotografischen Ambitionen im Klaren sein und die Möglichkeiten der verschiedenen Objektive in bildgestalterischer Hinsicht kennen. Dann erst ist die Wahl der richtigen Objektive eine Frage, deren technischer Qualität und natürlich auch des Geldbeutels.

Brennweite und bildgestalterische Wirkung

Die Wirkung von Bildern hängt ganz wesentlich davon ab, mit welcher Objektivbrennweite sie aufgenommen wurden. Unterschiedliche Brennweite wirkt sich in zweifacher Hinsicht aus, auf den Abbildungsmaßstab und auf die Perspektive. Im ersten Fall steht mehr «Was alles soll aufs Bild» zur Debatte, im zweiten Fall mehr das «Wie soll es aufs Bild». Abbildungsmaßstab und Perspektive hängen vom Bildwinkel und damit von der Brennweite ab.

Brennweite und Bildwinkel: Der Bildwinkel ist sozusagen der Blickwinkel des Objektivs. Der Bildwinkel gibt an, unter welchem Winkel das Kameraobjektiv das Motiv erfaßt und auf den Film abbildet. Der Bildwinkel des Objektivs hängt vom Aufnahmeformat und von der Brennweite ab. Wie Sie es für die wichtigsten Brennweiten der nachfolgenden Tabelle entnehmen können:

Tabelle: Objektivbrennweiten und Bildwinkel für das Format 24mm x 36mm

Brennweite	15	20	24	28	35	50	85	200	300	500mm
Bildwinkel	110°	94°	84°	74°	62°	46°	28°	12,3°	8,2°	4,2°

Brennweite, Bildwinkel und Abbildungsmaßstab: Betrachten wir verschiedene Brennweiten bei gleicher Entfernung zum Motiv, so bedeutet das: Mit kleiner Brennweite/großem Bildwinkel kommt viel vom Motiv sehr klein aufs Bild. Mit großer Brennweite/kleinem Bildwinkel kommt wenig vom Motiv sehr groß aufs Bild .

Entfernung, Brennweite und Abbildungsmaßstab: Ist die Brennweite und damit der Bildwinkel des Objektivs vorgegeben, hängt der Abbildungsmaßstab von der Entfernung ab. Der Abbildungsmaßstab V gibt an, wie groß das Motiv auf den Film abgebildet wird (V = Bildgröße : Objektgröße). Es gilt: Je kürzer die Aufnahmeentfernung, desto größer wird der Abbildungsmaßstab. Ist der Abbildungsmaßstab vorgegeben, hängt es von der Entfernung ab, mit welchem Bildwinkel wir aufnehmen müssen: Je kürzer die Entfernung, desto kürzer ist für gleichen Abbildungsmaßstab die benötigte Brennweite. Nehmen wir ein flaches Motiv, z.B. eine 4,8m x 7,2m große Fassade, die mit dem Maßstab 1:200 auf Kleinbildformat 24mm x 36mm aufgenommen werden soll. Mit einem Objektiv von 80mm Brennweite (Bildwinkel ca. 30°) brauchen wir ca. 13,5m Entfernung. Mit 50mm Brennweite (Bildwinkel ca. 46°) benötigen wir eine Distanz von 8,5m und mit 21mm Brennweite (Bildwinkel ca. 90°) nur noch 3.5m.

Brennweite und Perspektive: Die meisten Motive sind nicht flach sondern räumlich, verschiedene Bereiche des Motivs befinden sich also in unterschiedlicher Entfernung zur Kamera. Nahe Bereiche des Motivs werden größer, entferntere kleiner abgebildet. Wie stark jedoch die Größe mit der Entfernung abnimmt, ist sehr stark vom Bildwinkel bzw. der Brennweite abhängig. Je kürzer die Brennweite, desto größer erscheint der Vordergrund im Verhältnis zum Hintergrund. Diese unterschiedliche Perspektive der Objektive läßt sich so zusammenfassen: Kurze Brennweiten, sog. Weitwinkel betonen den Vordergrund, machen den verkleinerten Hintergrund weitläufiger und übersteigern damit die räumliche Wirkung. Lange Brennweiten, sog. Tele-Objektive rücken dagegen den Hintergrund näher, die räumliche Wirkung wird flacher.

Typische Eigenschaften der Normalbrennweite: Die sog. Normalbrennweite liegt zwischen 45mm und 55mm, entsprechend einem Bildwinkel um die 50°. Dieser Bildwinkel entspricht in etwa dem Blickwinkel des menschlichen Auges. Normalbrennweitige Fotos wirken deshalb besonders authentisch. Ein Objektiv mit Normalbrennweite macht sozusagen von selbst natürlich wirkende Aufnahmen, vorausgesetzt, Sie betrachten damit das Objekt nicht aus ungewöhnlich kurzer oder ungewöhnlich weiter Entfernung. Es ist kein Zufall, daß mit 35mm bis 55mm Brennweite aufgenommene Fotos jahrzehntelang die Maßstäbe für gelungene Fotoreportagen setzten. Solche Fotos, bei deren Betrachtung man noch das Gefühl hatte, dabeizusein sind heute leider selten geworden. Als man noch nicht aus der Distanz zoomte, hieß es eben noch: «Ran ans Motiv!» oder wie ein berühmter LIFE-Fotograf sagte: «You can`t get close enough». Und dann gibt es noch ein anderes Argument für die Normalbrennweite: Bei keiner anderen Brennweite bekommen Sie soviel Abbildungsleistung und Lichtstärke fürs Geld. Die große Lichtstärke kann schließlich nicht nur bei Available-Light-Aufnahmen wichtig sein, sie bietet darüberhinaus die Möglichkeit extremer Reduzierung der Schärfentiefe. Sie wissen ja: Je größer die Blendenöffnung, um so geringer wird die Schärfentiefe und um so besser kann ein Motiv vor unscharfem Hintergrund herausgestellt werden.

Typische Eigenschaften der Weitwinkel: Objektive mit Brennweiten unter 40mm, z.B. 35mm oder 28mm, werden als Weitwinkelobjektive bezeichnet. Brennweiten von 24mm, 20mm oder gar 16mm bezeichnet man oft als extreme oder «Super»weitwinkel. Mit gleicher Entfernung zum Hauptmotiv aufgenomme Weitwinkelbilder unterscheiden sich von Fotos mit der Normalbrennweite in folgenden Punkten: Auf den Weitwinkelfotos ist wesentlich mehr auf dem Bild, d.h., es wird ein wesentlich größerer Bildwinkel erfaßt. Damit verbunden ist ein kleinerer Abbildungsmaßstab. Auch der räumliche Eindruck ändert sich im Vergleich zur Normalbrennweite, wenn Sie mit dem Weitwinkel ans Motiv so nah herangehen, daß Sie einen bestimmten Gegenstand genauso groß auf dem Bild haben wie mit der Normalbrennweite. Nicht nur, daß Sie jetzt aufgrund des größeren Bildwinkels mehr vom Restmotiv sehen, es erscheint jetzt auch die Perspektive ganz eigentümlich. Mit dem Weitwinkel erscheinen nämlich die näherliegenden Motivpartien größenmäßig stark überbetont, während der Hintergrund zusammenschrumpft. Bei einem Porträt z.B. werden die kameranahe Nase und das Kinn unnatürlich groß, während die Ohren, weil sie sich weiter hinten befinden, übertrieben klein erscheinen. So unmöglich dies in diesem Beispiel auch aussehen mag, durch die typische Weitwinkelperspektive können bestimmte Eindrücke besonders präzise vermittelt werden. Zum Beispiel wenn Sie beim Fotografieren ein Hauptmotiv aus dem Gesamtmotiv herausholen und betonen wollen.

Stürzende Linien bei Weitwinkelaufnahmen: Die sog. stürzenden Linien entstehen auch bei Normalbrennweite, wenn Sie das Motiv aus sehr schrägem Winkel fotografieren. Typisches Beispiel ist die Aufnahme eines hohen Gebäudes aus nächster Nähe, wozu Sie die Kamera stark verkippen müssen. Die Gebäudefassade scheint auf dem Bild nach oben zusammenzulaufen. Mit Weitwinkeln wird dieser Effekt noch sehr verstärkt. Das Mittel gegen stürzende Linien lautet: Filmebene und die Ebene des Hauptmotivs müssen parallel zueinander sein! In der Praxis läßt sich das durch relativ großen Aufnahmeabstand und längere Brennweiten ereichen. Zusätzlich muß sich der Standpunkt des Fotografen in gleicher Höhe mit dem Mittelpunkt des Motivs befinden. In vielen Fällen wäre das nur mit Spezialkran oder Hubschrauber möglich. Eine Alternative sind sog. Shift-Objektive («PC-Nikkore»). Möglich macht das ein optischer Trick, die Verschiebung des Objektivs parallel zur Filmebene. Sie können natürlich aus der Not eine Tugend machen und stürzende Linien bewußt einsetzen. Schließlich signalisieren die stürzenden Linien einer Fassade dem Betrachter «Größe und Mächtigkeit» des Gebäudes.

Typische Eigenschaften der Fisheye-Objektive: Auch wenn die bisher besprochenen extremen Weitwinkel im Randbereich stärker verzerren als längerbrennweitige Weitwinkel, und ein Verkippen gegen die Bildachse sich bei ihnen ebenfalls stärker bemerkbar macht, sie haben immer noch die ganz normale Zentralperspektive. Zentralperspektive heißt, daß in Blickrichtung Unendlich der Raum entlang gerader Linien auf einen gemeinsamen Fluchtpunkt zusammenzulaufen scheint. Anders ist das bei sog. Fisheye-Objektiven, sie haben eine sphärische Perspektive. Bei ihnen werden nur die Linien des Motivs, die durch den Bildmittelpunkt gehen geradlinig abgebildet. Alle anderen bei normaler Perspektive dazu parallelen Linien wölben sich beim Fischauge um den Bildmittelpunkt. So wird zwar der Bildwinkel extrem (beim Nikkor 2.8/6mm z.B. 220°!) und man bekommt sehr viel vom Motiv aufs Bild, aber es wird furchtbar verzerrt. Bei technischen Aufnahmen z.B. Luftbildaufnahmen, die eventuell mit dem Computer ausgewertet werden, mag das wenig stören. Ja, als ich einmal den Auftrag hatte einen riesigen Saal voller Computer komplett aufs Bild zu bringen, war mir ein 180° Fischauge auch recht. Aber bei Aufnahmen mit Menschen ist es praktisch nicht einsetzbar. Auch in der Landschaftsfotografie ist ein Fischauge problematisch. Wenn extrem viel aufs Bild kommt, ist nämlich auch immer was störendes dabei, ein Hochspannungsmast, eine Autobahnbrücke, die Sonne samt wahnsinnigen Reflexen usw. Abgesehen davon, müssen Sie bei 180° Bildwinkel sehr aufpassen, daß nicht Ihr Bauch oder Ihre Schuhe im Bild sind. Mit 220° Bildwinkel habe ich persönlich noch nicht fotografiert, aber man dürfte Schwierigkeiten haben, die Ohren aus dem Bild rauszuhalten ...

Typische Eigenschaften der Tele-Objektive: Objektive mit Brennweiten über 55mm werden als Teleobjektive bezeichnet. Teleaufnahmen erfassen einen kleineren Bildwinkel, dafür ist der Abbildungsmaßstab größer, das Motiv wird sozusagen herangeholt. Damit verbunden ist ein flacherer Eindruck des Motives, dem es an Tiefe zu mangeln scheint. Lichtstarke Teleobjektive mit gleichzeitig sehr guten Abbildungsleistungen herzustellen, ist optisch aufwendig, deshalb sind sie teuer.

Für jedes Motiv das geeignete Objektiv

Akt: Für Aktaufnahmen gilt im Prinzip das gleiche wie für Porträts (s. dort). Distanz und leichte Tele-Objektive kommen der Aufgabe sicher entgegen. Andere Brennweiten erfordern mehr Erfahrung. Achten Sie auf jeden Fall darauf, daß nicht durch unglückliche Perspektiven ungewollte Überbetonung von Körperpartien entsteht. Weichzeichnervorsätze (mit Autofokus nicht einsetzbar) schönen zwar die Haut des Modells, sind seit der «Hamilton-Welle» aber für viele zur Geschmacksfrage geworden.

Architektur: Da es bei Außenaufnahmen meist um Übersichten geht, bzw. bei Innenaufnahmen die Distanzen kurz sind, wird man Weitwinkel einsetzen. Für gute Schärfe sorgen nieder- bis mittelempfindliche Filme. Gegen Verwackelung bei langen Belichtungszeiten sollte man mit Selbst- oder Drahtauslöser vom Stativ fotografieren. Für optimale Abbildungsleistung und ausreichende Schärfentiefe wird man meist mit Zeitautomatik arbeiten und mindestens Blende 8 bis 11 einsetzen (s.a. bei Landschaft). Sollen stürzende Linien vermieden werden, muß zu Shift-Objektiven gegriffen werden.

Innenaufnahmen: Bei Innenaufnahmen, ob Sie nun ein Zimmer oder einen ganzen Saal wiedergeben wollen, ist das Weitwinkel unschlagbar. Denn mit dem Normalobjektiv können Sie meist nicht genügend auf Distanz gehen, um alles aufs Bild zu bekommen. Zudem wirkt der große Bildwinkel in diesem Fall natürlich, denn schließlich schaut jeder, der einen Raum betritt, erst einmal nach links und rechts. Die Aufnahme eines Innenraumes mit Normalbrennweite ist in den meisten Fällen ein Kunstfehler, denn sie wirkt auf den Betrachter eher wie ein Ausschnitt.

Landschaft: Für Landschaftsfotografie schwöre ich auf Weitwinkel mit ca. 20mm Brennweite. Gerade in der Landschaftsfotografie ergeben sich mit Weitwinkelperspektive reizvolle Aspekte. Ein charakteristisches Haus, ein Baum, Tiere oder auch Personen im Vordergrund, betonen die Weiträumigkeit des Hintergrunds. Durch nichts können Sie den Charakter einer Landschaft deutlicher herausstellen. Ob das nun besonders schroffe Bergmassive sind oder endlos flache, eintönige Sandwüsten, beide Eindrücke können Sie perfekt gestalten. Der große Bildwinkel suggeriert dem Betrachter, er habe sich selbst umgesehen. Farbkräftige, scharfe Filme um die ISO 100/21° passen am besten zu diesem Motivbereich. Gegen Verwackelungsunschärfe sollte man mit dem Stativ arbeiten. Bei der

Landschaftsfotografie sollte man sich ohnehin viel Zeit lassen. Wenn Sie noch feinste Details deutlich wiedergeben wollen, müssen Sie mit der Blende arbeiten, bei der die Abbildungsleistung des Objektivs optimal ist. Auch die Schärfentiefe erfordert entsprechend große Blendenzahlen. Deshalb empfiehlt sich die Zeitautomatik bzw. Programm mit manuellem Shift.

Nahaufnahmen, Makrofotografie, Lupenaufnahmen: Ob Insekten, Münzen, Briefmarken, Blüten, Steine, Schmuck oder integrierte Schaltkreise, sie kommen oft nur aus nächster Nähe mit großem Abbildungsmaßstab aufgenommen zur Geltung. Als Objektive bis ca. Abbildungsmaßstab 1:2 empfehlen sich Makroobjektive, wie sie in AF-Version von Nikon und Sigma angeboten werden. Für 1:1 und noch größer empfehlen sich zusätzliche Vorsatzlinsen oder das Balgengerät mit NON-AF-Objektiven. Voraussetzungen für gute Makrofotos sind: Gute Ausleuchtung des Objekts, exakte Scharfstellung, große Schärfentiefe, beste Abbildungsleistung und Verwackelungsfreiheit. Was schon bei normalen Fotos stört, fällt nämlich aus der Nähe betrachtet noch viel stärker ins Gewicht! Gute Makroobjektive und scharfe, feinkörnige Filme, sind dafür Voraussetzung. Zur Ausleuchtung können Ringblitze, normale Blitzgeräte mit Lichtzelt oder spezielle Kaltlichtleuchten mit Faseroptik dienen (von Gossen oder Schott). Es sind nur die Betriebsarten Zeitautomatik oder manuelle Belichtungseinstellung zu empfehlen, denn ohne gezielte Einstellung der Blende sollte man auf keinen Fall arbeiten. Da im Nahbereich die Schärfentiefe abnimmt, ist man versucht, extrem kleine Blendenöffnungen zu verwenden. Bei Lupenaufnahmen ist das jedoch nicht unbedingt ratsam. Bei zu starkem Abblenden erfolgt aufgrund der zunehmenden Beugungsunschärfe wieder eine Verschlechterung der Schärfe. Bei

⇦ *Kontrastreiche Motive, wie diese enge Gasse, erfordern präzise Belichtung. Hier wäre eine Belichtungsreihe anzuraten.*
Foto: Rudolf Dietrich

welchem Blendenwert die sog. «förderliche oder kritische Blende» liegt, kann man entsprechenden Tabellenwerken entnehmen. (Anbei einige Richtwerte: Z.B. ist bei Abbildungsmaßstab 1:1 Blende 16, bei 2:1 Blende 11, bei 5:1 Blende 5,6 und bei 10:1 nur noch Blende 2,8 zu empfehlen).

Porträt: Porträts erfordern sorgfältige Ausleuchtung und Objektiv-Brennweiten von etwa 80mm bis 105mm. Dieser Brennweitenbereich ist schon deshalb ideal für Porträts, weil mit ihm das Modell selbst bei formatfüllender Aufnahme des Gesichts so weit auf Distanz bleibt, daß noch Bewegungsfreiheit besteht. Zudem wirken mit dieser Brennweite aufgenommene Gesichter sehr natürlich. Wenn Sie nämlich mit dem 50mm-Objektiv so nahe herangehen, daß die gleiche formatfüllende Aufnahme, d.h. derselbe Abbildungsmaßstab erzielt wird, wirkt diese Perspektive bereits merklich verzerrend. Um dies auszugleichen, müßten Sie mit der Normalbrennweite aus größerer Distanz aufnehmen und dann einen Ausschnitt herausvergrößern, was jedoch der Bildqualität nicht förderlich ist. Meist wird man einen unscharfen, zerfließenden Hintergrund bevorzugen und dafür in Zeitautomatik oder manueller Einstellung eine große Blendenöffnung vorwählen. Die große Blendenöffnung hat darüberhinaus den Vorteil, daß das Bild durch die nachlassende Abbildungsleistung des Objektivs meist etwas «weicher» wird, was ja bei Porträts keineswegs schadet. Personen- oder Gruppenaufnahmen erfordern oft schon einen leichten Weitwinkel. Hier müssen Sie jedes Verkippen gegen die Bildachse ausschließen, um unschöne Verzerrungen zu vermeiden. Ideal für Porträts sind in der Farbe dezente, in den Mitteltönen farblich wie gradationsmäßig gut abgestufte, feinkörnige Filme.

Schnappschüsse und Reportagen: Ein gutes Zoom von ca. 70mm - 200mm, mittelempfindliche Filme um ISO 200/24°, AF-Schärfepriorität und Programmautomatik lautet wohl hier das Rezept. Interessant zu beobachten, daß inzwischen auch altgediente Bildjournalisten danach arbeiten.

Sport und Action: Wenn sich was rührt, ein Fotografieren aus nächster Nähe jedoch nicht möglich ist, sind die mittleren Teleobjektive bis etwa 300mm das fotografische Mittel der Wahl. Ob

Das gerade richtige Ausmaß an Bewegungsunschärfe macht bei dieser Aufnahme deutlich, daß Eishockey zurecht als die schnellste Sportart gilt. Hier ist in der Regel Blendenautomatik zu empfehlen. Foto: Rudolf Dietrich

stürzender Reiter, Superaufschlag beim Tennis oder spielende Kinder, in diesen Fällen hat die Fotografie auf Distanz ihre Berechtigung: Auch bei hektischen Szenen behalten Sie den Überblick und können ganz gezielt Details herauspicken. Meist sind Filme mit mindestens ISO 400/27° nötig.

Wildlife: Während Insekten und Schmetterlinge wohl mehr unter den Bereich Nahfotografie fallen, fällt die Jagd auf Vögel, Füchse, Löwen und Flußpferde wohl mehr in die «Wildlife»-Sparte. Brennweiten von 400mm, 600mm und mehr gehören für den Tierfotografen zur notwendigen Grundausrüstung. Allerdings sind lichtstarke Objektive dieser Brennweiten schwer, unhandlich und teuer. Hochempfindliche Filme von ISO 400/27° und mehr sind schon deshalb gegen das Verwackeln durch den Fotografen ein Muß. Normale Stative, Einbeinstative, Bruststative u.ä. schützen vor Ermüdung und Tatterich.

Objektive für die F-601

Die Objektiv-Übersichtstabellen am Buchende geben einen Überblick über alle mit der F-601 verwendbaren AF-Nikkore sowie alle prinzipiell verwendbaren herkömmlichen NON-AF-Nikon-Objektive. Doch wie schon mehrfach erwähnt, heißt dies nicht, daß NON-AF-Objektive tatsächlich für die F-601 zu empfehlen sind!

Nicht alle Objektive gleich gut geeignet: Nur mit den AF-Objektiven funktionieren alle Automatiken der F-601 ohne Einschränkung. Die Masse der herkömmlichen Nikkor-Objektive funktioniert mit der F-601 nur mit Zeitautomatik, manueller Belichtungseinstellung und mittenbetonter oder Spot-Messung (s. Tabellen zu den NON-AF-Objektiven Seite 212/213!). Die Tabelle am Buchende gibt eine Übersicht über alle zum Zeitpunkt der

Entstehung dieses Buches lieferbaren original AF-Nikkore. Sie sollten sich deshalb im Zweifelsfall im Handel mit dem aktuellen Nikon-Objektiv-Prospekt versorgen oder ihn direkt bei Nikon anfordern.

Ein kleiner Gang durch die Nikon Objektivpalette

Normalbrennweiten: Wenn man unter den derzeit angebotenen Nikon-AF-Objektiven wählen soll, ist das festbrennweitige 1.4/50mm sicher erste Wahl, denn es bietet hervorragende optische Qualität verbunden mit hoher Lichtstärke. Für den Makrofan ist auch das AF-Micro 2.8/60mm eine gute Lösung, es

Auch für die F-601AF und die F-601M steht die volle Palette der AF-Nikore zur Verfügung. Insofern besteht kein Unterschied zur hier mit abgebildeten Profikamera F4.

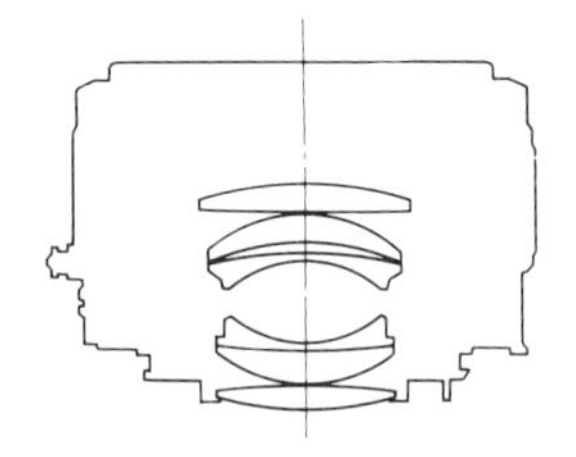

Das AF-Nikkor 1,8/50mm zeichnet alle Vorzüge der Normalbrennweite aus: hohe Lichtstärke, gute Abbildungsleistung, Kompaktheit und günstiger Preis. Und dann hat es den Bildwinkel, der dem des menschlichen Auges am nächsten ist.

erlaubt ohne weiteren Zusatz einen Abbildungsmaßstab bis zu 1:2. Das 1.8/50mm würde ich weniger in Betracht ziehen, nicht weil es schlecht wäre, sondern ich würde vergleichsweise eher zu einem guten normalbrennweitigen Zoom tendieren.

Normalbrennweitige Zoom-Objektive: In erster Linie kommen das AF Nikkor 3.3-4.5/35-70mm bzw. das AF 2.8/35-70mm in Betracht. Alternativen sind das AF 3.5-4.5/28-85mm, 3.5-4.5/35-105mm oder das AF 3.5-4.5/35-135mm. Doch gilt der Einwand, ob nicht entsprechende festbrennweitige Weitwinkel bzw. festbrennweitige Tele die qualitätsmäßig bessere Lösung sind.

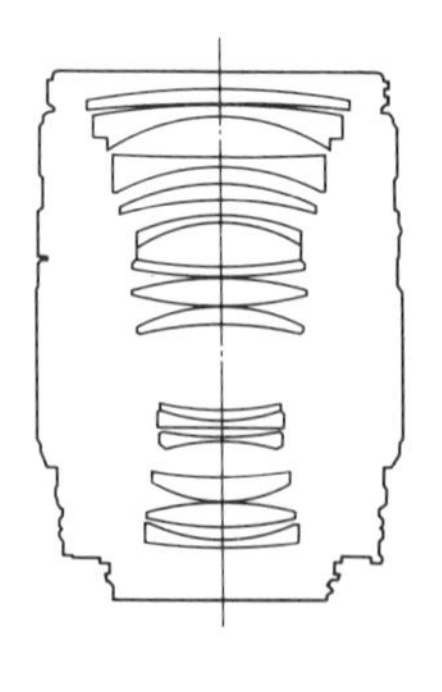

Das besonders lichtstarke AF-Zoom 2,8/35-70mm ist sicher ein ideales «Normalbrennweiten-Zoom», das man noch mit dem AF-Zoom 70-210mm ergänzen könnte. Man sollte jedoch überlegen, ob zusätzliche Festbrennweiten im Weitwinkel- und Telebereich nicht doch die qualitiv bessere Lösung sind.

Weitwinkel: Für Landschaft, Übersichtsaufnahmen, eventuell auch für Architektur bzw. für Reportagen auf engstem Raum empfiehlt sich das AF 2.8/20mm. Für diesselben Gebiete in«abgemilderter»Form kommen auch das AF 2.8/24mm oder das AF 2.8/28mm in Frage. Als«Normalobjektiv»für kurze Distanzen kann dagegen das lichtstarke AF 2.0/35mm eingesetzt werden.

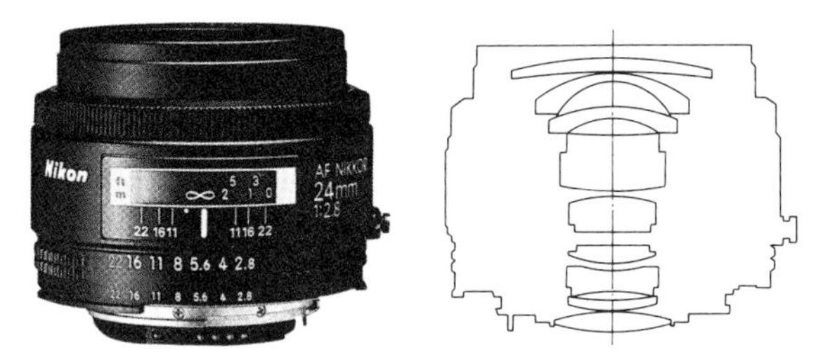

AF-Nikkor 2,8/24mm mit Querschnitt

Weitwinkel-Zoom-Objektive: Eine Alternative für alle, die praktisch nie extreme Bildwinkel einsetzen, ist das AF Zoom 3.3-4.5/24-50mm.

Shift-Objektive: Beim weitwinkeligen Shift-Objektiv können Sie aus relativ kurzer Entfernung und von unten fotografieren, ohne stürzende Linien in Kauf nehmen zu müssen. Eine solche mechanisch komplizierte Objektivkonstruktion verträgt sich natürlich nicht mit dem Autofokus. Die konventionellen Nikon-Shift-

PC 1:3,5/28mm

PC 1:2,8/35mm

«Shift-Nikkore»

Objektive PC 3.5/28mm und PC 2.8/35mm können Sie an der F-601 mit mittenbetonter Messung und mit Zeitautomatik oder mit manueller Belichtungseinstellung verwenden. (Beachten Sie jedoch die Hinweise in der Kamera-Bedienungsanleitung zum Thema «Verwendbare Objektive»!). Bei Neuanschaffung wäre vor allem das 3.5/28mm in Betracht zu ziehen, da wie mir ein Architekturprofi versicherte die Shiftwirkung des 2.8/35mm oft noch zu gering ist.

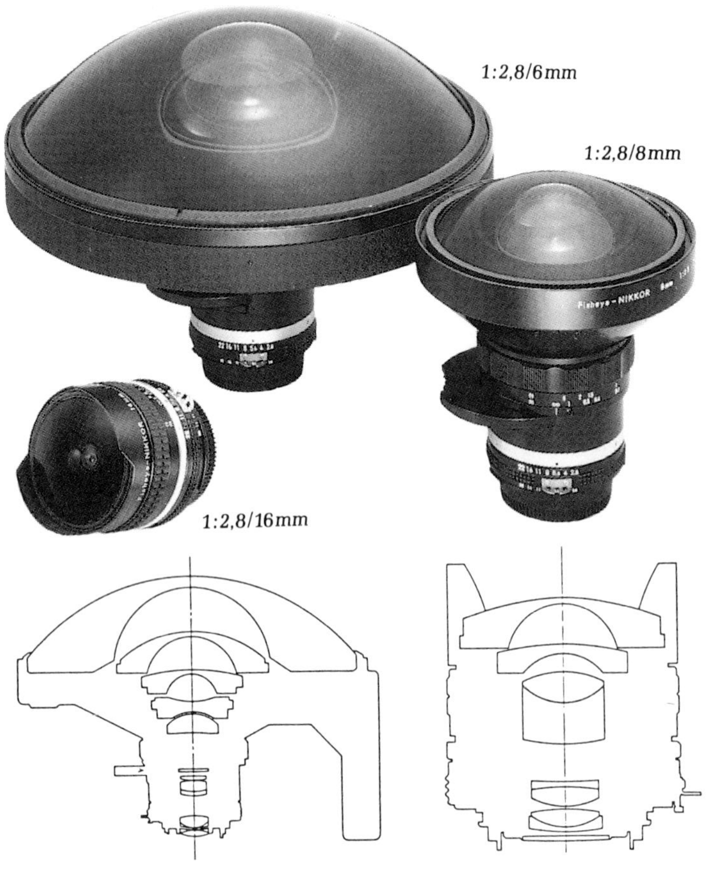

Die Welt der Zentralperspektive sprengen die Fischaugenobjektive. Schön sind Aufnahmen mit ihnen nicht, aber für manche technische Zwecke unverzichtbar. Die Querschnitte zeigen das Superfischauge im Vergleich zu einem 16mm-Objektiv.

Extreme Weitwinkel und Fisheye-Objektive: Auch Fisheye-Objektive sind in echter AF-Ausführung prinzipiell nicht möglich. Man kann sie aufgrund ihrer unnatürlichen sphärischen Perspektive ohnehin nur für Spezialaufnahmen einsetzen. Nicht nur der Preis von mehreren tausend Mark und das Gewicht von 5.2kg werden jeden normalen Fotografen vom Erwerb des Fisheye 2.8/6mm abhalten. Wer braucht schon 220° Bildwinkel? Ziviler das Fisheye 2.8/8mm (180°) oder das Fisheye 2.8/16mm (180°). Alternativen dazu mit normaler, zentraler Perspektive wären die Nikkore 5.6/13mm (118°) oder das 3.5/15mm (110°).

Leichte Tele-Brennweiten: Mit dem AF 1.8/85mm hat Nikon eine relativ preisgünstige AF-Festbrennweite im Programm, die keine Wünsche offen läßt. Aufgrund der großen Lichtstärke läßt sich bei geöffneter Blende auch ein Freistellen des Hauptmotivs vor dem Hintergrund erreichen. Eine echte Alternative wäre das teure AF- Micro- Nikkor 2.8/105mm, das nicht nur AF-Makroaufnahmen (stufenlos bis Maßstab 1:1), sondern auch ganz normale Porträts erlaubt. Wir können aber auch unter den vielen Zoom-Objektiven wählen, die alle diesen leichten Tele-Bereich mitabdecken. Wobei die Festbrennweite sicher die bessere Lösung ist.

Leichte Tele: Mit dem AF 1,8/85mm hat Nikon ein hochwertiges Porträttele im Autofokus-Objektivprogramm. Der Preis ist mit rund 500 Mark recht günstig.

Mittlere Telebrennweiten: Mit dem neuen AF- DC- Nikkor 2.0/135mm bietet Nikon ein Objektiv an, das durch den stufenlos einstellbaren DC-Effekt ganz gezielt weiche Unschärfe im Vorder- oder Hintergrund ermöglicht. Das AF-Nikkor 2.8/180mm

2,0/135mm

und 2,8/180mm IF-ED

IF-ED ist ein Objektiv, das dank Innenfokusierung vom Autofokus nicht nur extrem schnell scharfgestellt wird, sondern das durch spezielle Glassorten bei minimaler Anzahl von Linsen besonders hohe optische Abbildungsleistung bringt. Ein Objektiv, das sicher sein «gutes» Geld wert ist.

Leichte bis mittlere Tele-Zoom-Objektive: Alternative zur teuren Festbrennweite ist z.B. das preisgünstige Nikon-AF-Zoom 4.0-5.6/70-210mm. Teuer aber von höchster Qualität, wie ich mich selbst überzeugen konnte, ist das AF-Zoom 2.8/80-200mm ED. Es ist von bester mechanischer Solidität, bietet wahlweise eine optimale(!) mechanische Scharfstellung (bei anderen AF-Objektiven oft eine «lapperige» Angelegenheit) ist aber relativ sperrig und schwer.

Lange Tele-Brennweiten: Mit dem AF 2.8/300mm IF-ED hat Nikon ein echtes Superobjektiv im Programm. Daß es vom rasenden Reporter bei Sport und Staatsempfang gerne eingesetzt wird, kann man immer wieder in der Tagesschau bewun-

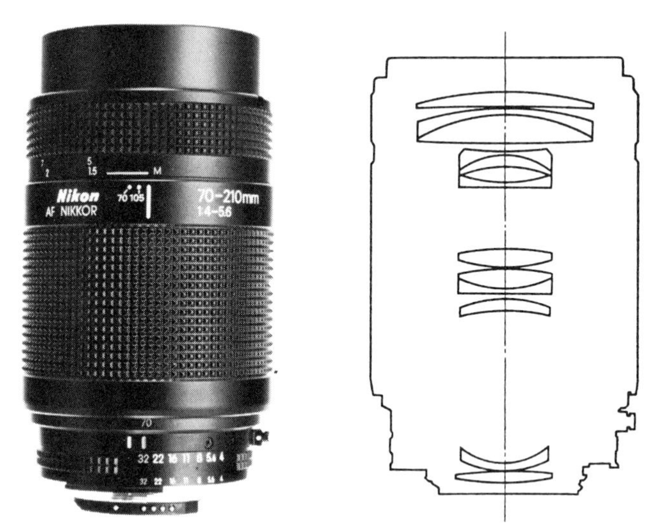

Mittlere Tele sind auch als AF-Objektive noch erschwinglich, wenn man z.B. das AF-Zoom 4,0-5,6/70-210mm wählt.

Das AF 4,0/300mm IF-ED ist noch einigermaßen handlich. Ohne Abstriche bei der optischen Qualität, bleibt es preislich noch auf dem Boden.

dern. Aufgrund des hohen Gewichts ist zu diesem Objektiv ein Einbein-Stativ wohl unverzichtbar. Leichter, kompakter und preisgünstiger ist das 4.0/300mm IF-ED, das in optischer Qualität keineswegs zurücksteht. Wer noch längere Brennweiten braucht, sei auf das optisch hochwertige 4.0/500mm IF-ED P verwiesen. Dieses Non-AF-Objektiv besitzt nämlich einen eingebauten Mikroprozessor und ist somit (außer AF-Scharfstellung) zu allen Automatiken der F-601 voll kompatibel.

Tele-Zoom-Objektive: Relativ wenig Gewicht und viel Brennweite bietet das AF-Zoom 4.5-5.6/75-300mm. Es ist sicher dann ideal, wenn man z.B. beim Sport oder im politischen Tagesgeschehen sehr schnell auf größere Entfernungsunterschiede reagieren muß.

Tele-Konverter: Neulich schrieb mir ein Leser, der einen teuren Telekonverter erworben hatte, mit dem seine F-401 nicht funktionierte. Ganz so schlimm ist es bei der F-601 nicht, denn sie funktioniert dann nur in Zeitautomatik und ohne Matrix-Messung. Es gibt jedoch auch noch qualitätsmäßige Einschränkungen. Die Abbildungsleistung der Kombination Objektiv/Konverter ist optisch immer schlechter als die des Einzelobjektivs. Ebenfalls schlechter ist das Streulichtverhalten und die Reflexneigung. Schließlich bringt der Konverter zusätzliche 5 Linsen ins optische Gesamtsystem ein. Wenn schon das Objektiv alleine 12 Linsen hat, braucht man sich nicht über flaue Bilder zu wundern. Ein Telekonverter ist also sicher keine lohnende Neuanschaffung.

Wichtiger Hinweis zum AF-Konverter: Der AF Konverter TC-16A kann mit der F-601 nicht verwendet werden, er könnte zu Fehlbelichtung führen.

Objektive und Zubehör für Makroaufnahmen

Definition des Begriffs Makro: Genaugenommen ist nur eine Abbildung mit einem Maßstab von 1:1 und größer eine echte Makroaufnahme. Wo der Makrobereich beginnt, ist heute jedoch strittig, da in der allgemeinen Sprachregelung praktisch alle Aufnahmen ab ca. 1:4 als Makroaufnahmen bezeichnet werden. Abbildungsmaßstäbe mit vergrößerndem Charakter, also z.B. mit Abbildungsmaßstab 2:1, bezeichnet man als *Lupenaufnahmen.*

Zwischenringe: Die herkömmlichen Nikon-Zwischenringe dürfen z.T. nicht zusammen mit den AF-Objektiven verwendet werden! Sie sollten deshalb auf die *genaue Typenbezeichnung* achten, denn statt des alten PK-11 muß es z.B. der PK-11A sein usw. (siehe Übersicht). Meines Erachtens sind Zwischenringe ohnehin umständlich und unflexibel. Da finde ich die alternativen Makroobjektive bzw. Vorsatzlinsen praktischer. Wer es ganz genau haben will, wird ohnehin mit dem Balgengerät arbeiten.

Vorsatzlinsen: Vorsatzlinsen sind die einfachste Möglichkeit die Makrofotografie zu erschließen. In das Filtergewinde der Nikon AF-Objektive eingeschraubt, verkürzen Sie den Mindesteinstellabstand des Objektivs. Sie können somit näher an Ihr Motiv herangehen und den Abbildungsmaßstab vergrößern. Je nach Objektiv und Brennweite kommen Sie mit den Vorsatzlinsen bis zu einem Abbildungsmaßstab von ca. 1:1, also schon in den echten Makrobereich. Von Nikon werden Vorsatzlinsen mit +0.7, +1.5 und +3 Dioptrien für das 52mm-Filtergewinde angeboten. Besonders zu empfehlen sind jedoch die achromatischen Vorsatzlinsen, die Nikon mit +1.5 und +2.9 Dioptrien, sowohl mit 52mm- als auch mit 62mm-Gewindedurchmesser im Programm hat.

Abblenden beim Einsatz der Vorsatzlinsen: Mit Vorsatzlinsen müssen Sie, wie überhaupt bei allen Makroaufnahmen, möglichst weit abblenden. Nur so kann die prinzipielle Verschlechterung der Abbildungsleistung, die beim Gebrauch von Vorsatzlinsen auftritt, wieder kompensiert werden. Außerdem ist bei

Übersicht über das Nahaufnahme-Zubehör (Auswahl)

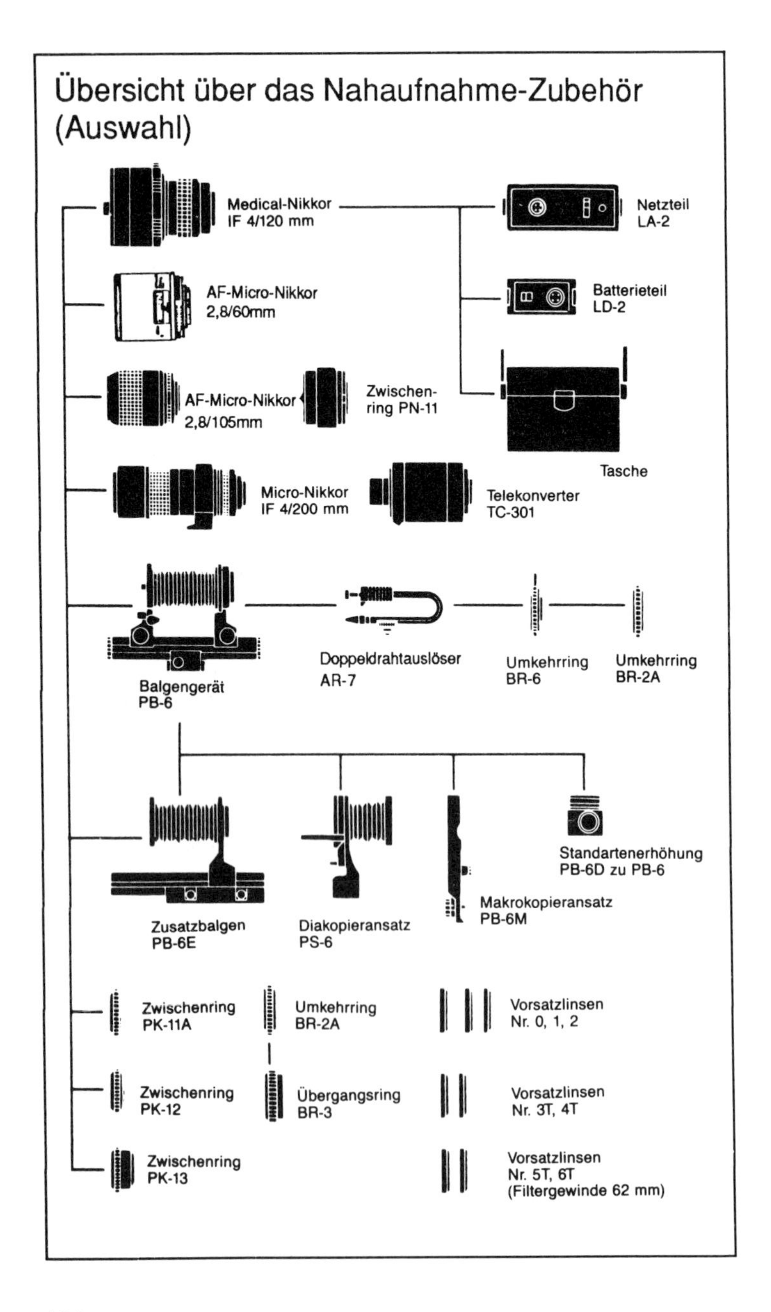

Makroaufnahmen die Schärfentiefe sehr gering, weshalb auch von daher Abblenden dringend geboten ist.

Vorsatzlinsen und Autofokus: Nach meinen Erfahrungen eignen sich die Autofokusobjektive recht gut für Makroaufnahmen mit Vorsatzlinse, Nahaufnahmen gelingen besonders schnell und sicher. Die automatische Scharfstellung funktioniert jedoch nur dann, wenn Sie sich mit dem Objektiv genau in dem Entfernungsbereich zum Makroobjekt befinden, in dem überhaupt noch eine Scharfstellung möglich ist. Oder anders gesagt: Der Autofokus funktioniert mit Vorsatzlinse nur dann, wenn Sie bei derselben Entfernung zum Motiv genauso gut auch manuell hätten scharfstellen können. Mein Tip, probieren Sie zunächst mit manueller Scharfstellung aus, in welcher Entfernung zum Motiv überhaupt scharfstellbar ist und schalten Sie dann auf automatische Scharfstellung um.

Makro-Objektive: Schnell, erfolgsicher und bequem ist die Makrofotografie mit speziellen Makroobjektiven. Nikon hat den entsprechenden Nikkoren den Vornamen «Micro» gegeben. Diese Makroobjektive sind zum Unterschied zu normalen Objektiven optimal auf den Normalbereich korrigiert. Durch sogenannte Floating-Elements wird bei ihnen erreicht, daß je nach Entfernungseinstellung die Korrektion von Unendlich bis in den Makrobereich wandert. Von Nikon gibt es derzeit zwei AF-Makroobjektive, das AF-Micro 2.8/60mm und das AF-Micro 2.8/105mm. Das AF-Micro 2.8/60mm ist ein optisch hervorragend korrigiertes Objektiv, mit dem Sie stufenlos von Unendlich bis Maßstab 1:1 einstellen können. Dem «gemäßigten» Makrofan ist die Anschaffung dieses AF-Objektivs als Normalbrennweite sicher zu empfehlen. Aufgrund seiner speziellen Korrektion läßt es sich ja ohne weiteres für normale Aufnahmen verwenden. Gleiches gilt für das AF-Micro 2.8/105mm, das im Preis zwar über 1000 Mark liegt, dafür aber stufenlos vom Porträt bis zur Makroaufnahme 1:1 alles erlaubt. Im Gegensatz zu den meisten AF-Nikkoren, bei denen die manuelle Scharfstellung eine recht «lapperige» Angelegenheit ist, läßt sich die Scharfstellmechanik (breiter Ring) dieses Objektivs sogar von AF auf Manuell umstellen.

Auch die *konventionellen Nikon-Makroobjektive* Micro 2.8/105mm, Micro 4/200mm und das Medical-Nikkor 4/120mm sind mit der F-601 kompatibel. Allerdings ist mit ihnen nur mittenbetonte Messung mit Zeitautomatik, bzw. manuelle Belichtungseinstellung möglich. Das Medical-Nikkor besitzt einen eingebauten Ringblitz dessen Dosierung elektromechanisch mit der Einstellentfernung gekoppelt ist. So resultieren auch im Makrobereich stets optimal belichtete Bilder (da freut sich der Zahnarzt!).

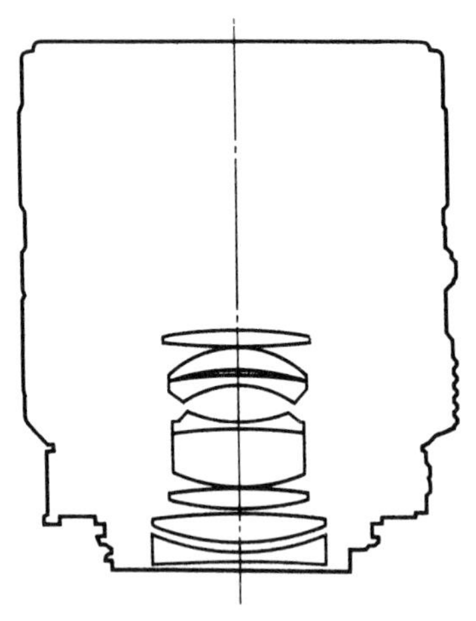

AF Micro Nikkor 2,8/60mm

Vorteil längerer Brennweiten in der Makrofotografie: Sie haben, verglichen mit kürzeren Brennweiten, den Vorteil größeren Aufnahmeabstands bei gleichem Abbildungsmaßstab. Für den Maßstab 1:1 benötigt man mit einem 50mm-Objektiv ca. 10cm Abstand, mit einem 100mm-Objektiv sind es bereits ca. 20cm. Bei Fluchtgefahr kleiner Tiere, bei Problemen mit dem Schattenwurf und bei Einsatz von Blitzgeräten empfiehlt sich deshalb die längere Brennweite.

Balgengeräte und Spezial-Objektive: Das Balgengerät ist das universellste Makrogerät, erlaubt es doch über den weiten Nahbereich stufenlose Einstellung. Das Wegfallen der AF-Einrichtung stört weniger, da echte Makrofotografie ohnehin eine Domäne der Tüftler ist. Brauchbare Balgengeräte werden von einer ganzen Reihe von Firmen wie Hama, Rowi und Novoflex angeboten. Empfehlenswert ist sicher auch das original Nikon-Balgengerät PB-6 in stabiler und präziser Ausführung. Um bei Verwendung des PB-6 Kameraverschluß und Objektiv-Springblende gleichzeitig auszulösen, benötigt man für die F-601 den mechanischen Doppeldrahtauslöser AR-7.

Scharfstellung über Objektabstand: Nützlich ist auch ein zusätzlicher Einstellschlitten. Im Bereich größer als 1:1 wird nämlich zunächst mit dem Abstand Objektiv/Kamera der Abbildungsmaßstab festgelegt und dann mit dem Einstellschlitten über die Abstandsänderung Ojektiv/Objekt scharfgestellt.

Tip, ein gutes Vergrößerungsobjektiv: Als Objektiv können über einen Zwischenring gute Vergrößerungsobjektive z.B. die EL-Nikkore oder die Apo-Rodagone (von Rodenstock) verwendet werden. Denn diese Objektive sind von Haus aus auf diesen Maßstabsbereich optimiert. Natürlich können auch alle Micro-Nikkore mit dem Balgengerät eingesetzt werden.

Der Trick mit der Retrostellung: Bei größer als 1:1 sollten selbst Makroobjektive in Retrostellung, also mit der Frontlinse zur Kamera eingesetzt werden. Die Korrektion der Objektive ist nämlich darauf optimiert, daß der Abstand Objekt-Objektiv größer ist als der Abstand Objektiv-Kamera. Bei 1.01:1.00 dreht sich dieses Verhältnis aber um! Für diesen Zweck werden von Nikon vier zu den Nikkoren passende Umkehrringe angeboten.

Diaduplziereinrichtungen: Das Duplizieren von Dias ist ein Sondergebiet der Makrofotografie. Duplikate schützen vor Verlust beim Einsenden von Dias zu Verlagen, Agenturen, ins Labor oder zu Wettbewerben! Über das Belichten beim Diaduplizieren wurden Sie bereits in den Blitzkapiteln unterrichtet. Hier soll noch kurz auf die Geräteseite eingegangen werden. Bereits für wenig mehr als 100 Mark sind Sie dabei. Mit einem einfachen Diaduplikator z.B. von Hama gelangen mir bei einem Vergleichstest schärfere Duplikate als mit einem fast 10mal teureren Spezial-Repro-Objektiv. Um Gerüchten vorzubeugen, das war nicht von Nikon. Einziger Nachteil der einfachen Duplikatoren, der Abbildungsmaßstab ist meist etwas größer als 1:1, es wird also etwas vom Original weggeschnitten. Wer also ganz genau 1:1 oder stufenlos größer Duplizieren will, sollte sich am besten einen Dia-Duplizier-Vorsatz für das Balgengerät zulegen. Von Hama z.B. wird so etwas mit integriertem Makroobjektiv angeboten, von Nikon der Vorsatz PS-6 als Zusatz zum Balgengerät PB-6, ein Makroobjektiv benötigt man extra. Gut geeignet sind auch hierfür Vergrößerungsobjektive. Als Duplikatfilm sollte man den speziellen«Slide-Duplicating-Film»von Kodak verwenden, der ganz normal wie jeder Diafilm im Prozess E6 entwickelt wird. Mit normalem Diafilm dupliziert kommen die Duplikate zu hart.

Zoom oder Festbrennweite?

«Zwei Zoomobjektive für alles», ist so ziemlich der schlechteste Rat. Sicher hat das Zoom Vorteile: Man braucht beim Fotografieren nicht das Objektiv zu wechseln und ist so schneller und flexibler, man muß weniger Objektive mitschleppen und sie sind billiger als die Summe der entsprechenden Einzelbrennweiten. Ob dies im Einzelfall stimmt, hängt jedoch vom Brennweitenbereich ab. Denn oft sind auch Zooms so schwer und sperrig, daß man sie genauso zuhause läßt wie die entsprechenden Festbrennweiten.

Masse und Volumen: Vergleichen wir z.B. die AF-Objektive im Bereich von ca. 70mm bis ca. 210mm. Die Festbrennweite AF 1.8/85mm besitzt 6 Linsen, wiegt 415g und ist 58mm lang. Die Festbrennweite AF 2.8/180mm IF-ED besitzt 8 Linsen, wiegt 750g und ist 144mm lang. Das vergleichbare AF-Zoom 4.0-5.6/70-210mm ist mit 590g Gewicht nur halb so schwer und mit 108mm Länge etwas handlicher als die beiden Festbrennweiten zusammen. Bezüglich Lichtstärke und optischer Qualität (12 Linsen) ist jedoch das Zoom den beiden Festbrennweiten deutlich unterlegen. Auch die Alternative das AF-Zoom 2.8/80-200mm ED kann nur bedingt überzeugen. Zwar ist die Lichtstärke gut und die optische Abbildungsleistung trotz der 16 Linsen im Normalfall hervorragend, doch das Gewicht von 1200g entspricht bereits der Summe der beiden Festbrennweiten. Die Länge von 176mm (bei Durchmesser 85mm!) macht es schon

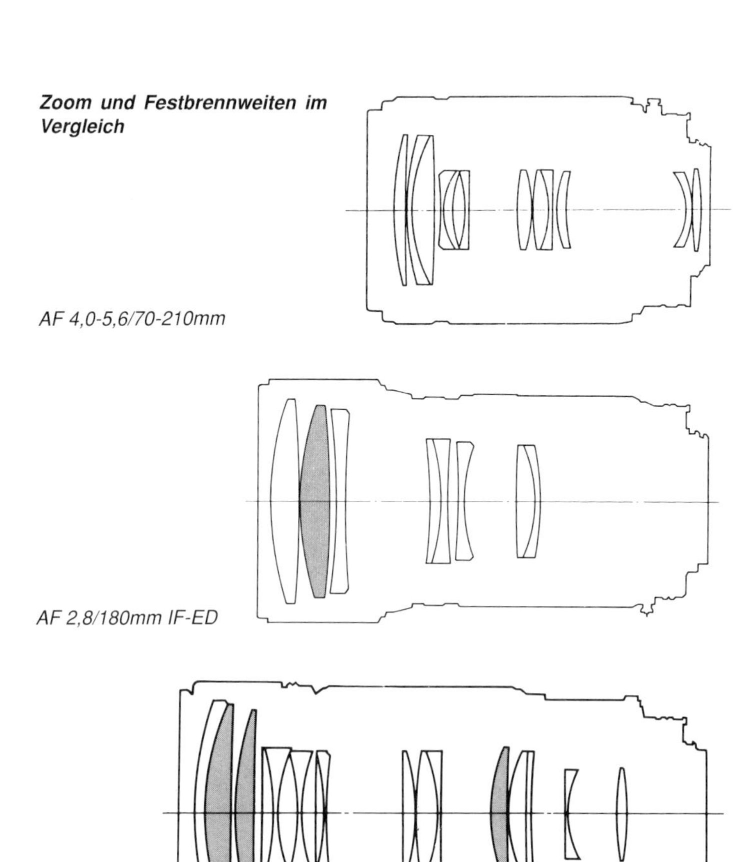

Zoom und Festbrennweiten im Vergleich

AF 4,0-5,6/70-210mm

AF 2,8/180mm IF-ED

AF 2,8/80-200mm ED

recht sperrig. Selbst beim eigentlich nicht zulässigen Aufwiegen von Lichtstärke und optischer Qualität gegen Gramm und Zentimeter stehen die Festbrennweiten also gar nicht so schlecht da!

Preis und Qualität: Ein weiteres Gerücht behauptet, daß Zoom-Objektive besonders preiswert seien. Klar, in der Regel kostet ein gutes Zoom-Objektiv deutlich weniger als die Summe der beiden Festbrennweiten. Aber ob das «preiswert» ist, hängt schließlich auch noch von der Qualität ab! Ein Zoom, das an die

Qualität von Festbrennweiten auch nur annähernd heranreicht, ist jedoch immer eine teure Angelegenheit. Nur mit sehr großem technischem Aufwand für spezielle Glassorten, Linsenformen, Floating-Elements, präziseste Mechanik usw. ist es tatsächlich möglich, Zooms zu konstruieren, die in der Schärfe ähnlich gut sind wie hochwertige Einzelbrennweiten. Vor allem wenn das Zoom auch noch gleiche Lichtstärke wie die Festbrennweite haben soll. Wenn dann auch noch das Streulicht- und Reflexverhalten hervorragend sein soll, wächst der Aufwand ins Immense. Kein Wunder werden Zooms von diversen Fotozeitschriften seit Jahren unter Bedingungen getestet, die diesen Punkt geflissentlich übersehen. Auch in Gewicht und Abmessungen könnte ein solches Superzoom, wenn es nur um das technisch Machbare ginge, gleich gut sein wie die schwerere und sperrigere der beiden verglichenen Festbrennweiten. Nur, das ist der Haken, ein solches Zoom könnte niemand bezahlen! Und so werden Zoom-Objektive meist weniger lichtstark gebaut und die optischen Probleme, die bei der Konstruktion auftreten, werden einfach durch zusätzliche Linsen ausgeglichen. So wird aus der Festbrennweite mit 9 Linsen, das Zoom mit 15 Linsen und mehr. Und mögen auch durch dieses Mehr an Linsen die meisten optischen Fehler zu korrigieren sein, besser als die einzelnen Festbrennweiten wird das Zoom dadurch nicht. Jede Linse mehr sind nämlich zwei Grenzflächen mehr, und trotz Multivergütung zeichnet dadurch jedes Objektiv mit deutlich mehr Linsen flauer und wird anfälliger für Streulicht. Auch der Trend zu besonders leichten, lichtstarken und vor allem kleinen Zoom-Objektiven, der jetzt auch die AF-Objektive erreicht hat, ist vom Standpunkt optischer Qualität aus eher ein Rückschritt. Fragen Sie also beim Objektivkauf nie danach, wo Sie am meisten Linsen fürs Geld bekommen! Und nehmen Sie ggf. ein paar Gramm und ein paar Zentimeter mehr in Kauf. Wenn in den Objektivtests mehrerer Fotozeitschriften zwei Zooms, was die Schärfeleistung betrifft, gleich gut abgeschnitten haben, würde ich mir stets das Zoom mit der kleineren Linsenzahl kaufen. Ob das dann ein bißchen mehr verzeichnet als das andere, danach kräht in der Praxis kein Hahn, wenn Sie nicht gerade Repros damit machen wollen.

Zooms als Kompromiß: Jedes Zoom ist, noch mehr wie jede Festbrennweite, ein Kompromiß zwischen Brennweitenbereich, Abbildungsleistung, Lichtstärke, Gewicht, Größe und Preis. Der notwendige Grundaufwand an Technik ist bei Festbrennweiten allerdings geringer und so könnte zumindest theoretisch, der Preis günstiger sein, oder es könnte bei gleichem Preis bei der Festbrennweite wesentlich mehr technischer Aufwand betrieben werden als beim Zoom. Da jedoch die modernen Zooms meistens in größeren Serien gefertigt werden, als die herkömmlichen Festbrennweiten, haben die meisten Hersteller diesen Preisnachteil der Zomm-Objektive allerdings mehr als kompensiert. Ob er jedoch an den Endverbraucher weitergegeben wird oder in mehr oder bessere Technik gesteckt wird, weiß kein Mensch. Der Endverbraucherpreis ist ohnehin ein Kapitel für sich, denn die Preisgestaltung der meisten Hersteller ist nicht besonders durchsichtig. Fest steht, eine teure Festbrennweite muß nicht unbedingt besser sein als ein preiswertes Zoom. Umgekehrt ist ein Zoom-Objektiv noch lange nicht gut, wenn es relativ teuer ist.

Fazit: Halten wir unterm Strich fest, daß die Behauptung, Festbrennweiten könne man heute vergessen, genauso wenig stimmt, wie die Behauptung, Zooms taugten überhaupt nichts. Wenn es allerdings um höchste optische Qualität bei einer bestimmten Brennweite geht, sind Sie mit einem guten festbrennweitigen Objektiv nach wie vor am besten bedient. Der inzwischen zu beobachtende Trend, nicht nur bei Nikon sondern auch bei Fremdherstellern, zunehmend hochwertige AF-Festbrennweiten anzubieten, scheint dies zu bestätigen.

Kriterien der Objektivqualität

Objektivqualität zeigt sich in vielfacher Hinsicht. Schärfe, Verzeichnungsfreiheit, kein Lichtabfall zum Rand, Schärfe im Nah- und Fernbereich, Fehlen der chromatischen Aberration und nicht zuletzt in mechanischer Stabilität und exakter Einstellung.

Verzeichnungen, Verzerrungen, Lichtabfall: Sie sind besonders beim Weitwinkel ein Problem. Konstruktionsbedingt zeigen

Weitwinkelobjektive bei voll geöffneter Blende einen wesentlich größeren Lichtabfall von der Mitte zum Rand als Normalobjektive. Dieser Effekt wird mit abnehmender Brennweite immer stärker. Bei Superweitwinkeln treten darüberhinaus Verzeichnungen und Verzerrungen auf, die sich vor allem am Bildrand bemerkbar machen. Auch diese sind um so größer, je kürzer die Brennweite ist. Diese weitwinkeltypischen Effekte sind bei modernen Qualitäts-Objektiven weitgehend korrigiert.

Optimierung auf Nah und Fern: Früher war es nicht möglich, Objektive gleichermaßen für den Nah-und Fernbereich zu optimieren. Entweder waren die Objektive auf die Entfernungseinstellung «Unendlich» oder aber auf den Nahbereich optimiert. Das heißt ihre Fehler waren entweder bei Einstellung auf Unendlich oder im Nahbereich am geringsten. Mit Hilfe zusätzlicher, sich verschiebender optischer Glieder kann heute weitgehende Korrektion so typischer Nahfehler, wie Bildfeldwölbung und Öffnungsfehler erreicht werden. Bei diesen Objektiven verschieben sich also nicht wie bei den meisten herkömmlichen Objektiven nur zwei Hauptlinsengruppen gegeneinander, sondern zusätzlich noch eine dritte Linsengruppe zwischen den beiden. Durch diese Close-Range-Correction (CRC) machte auch Nikon einen Teil seiner Objektive sowohl für normale Aufnahmen als auch für den Nahbereich gleichermaßen tauglich. Diese Erfahrungen flossen natürlich auch in den Bau der Nikon-Zoom-Objektive ein, wie wir sie heute auch als AF-Zoom-Objektive angeboten bekommen.

Chromatische Aberration und APO-Objektive: Bei den langen Brennweiten spielt die chromatische Aberration eine unliebsame Rolle: Blaues, grünes und rotes Licht werden nicht in einem gemeinsamen Brennpunkt vereinigt, was sich als Farbsäume äußert. Natürlich sind alle modernen Teleobjektive Achromate, also schon einigermaßen chromatisch korrigiert, so daß richtiggehende Regenbogensäume selten geworden sind. Doch echte Konturenschärfe ist das noch lange nicht! Das leisten nur echte Apochromaten. Optische Voraussetzung für ihre Konstruktion sind Glassorten mit extrem niedriger Dispersion, sogenannte LD oder ED-Gläser (von Low bzw. Extraordinary Dispersion). Sie trennen die Spektralfarben des Lichts praktisch nicht mehr oder so abgestimmt auf, daß ihre Verwendung in der Gesamtlinsenkombination des Objektivs in der Summe eine chromatische Aberration von annähernd Null ergibt.

Innenfokussierung: Zur Scharfstellung von Teleobjektiven werden bei herkömmlichen Teleobjektiven die Hauptlinsengruppen gegeneinander verschoben, wobei sich die Gesamtlänge des Objektivs ziemlich stark verändert. Denn je länger die Brennweite, um so länger ist auch bei herkömmlichen Objektiven der Scharfstellweg. Das kann das Scharfstellen bei Teleobjektiven recht umständlich und ungenau machen, bzw. der Autofokus braucht zu lange. Abhilfe sind Teleobjektive mit sog. Innenfokussierung (IF). Bei ihnen bleibt die Gesamtlänge des Objektivs völlig konstant, scharfgestellt wird nur durch Verschieben eines optischen Glieds zwischen den beiden Hauptgliedern. Dadurch wird der Scharfstellweg extrem klein. Solche Objektive lassen sich nicht nur manuell schneller und sicherer scharfstellen, sie sind auch bei automatischer Scharfstellung in der Geschwindigkeit unschlagbar. Darüber hinaus kann die Innenfokussierung mit einem automatischen Korrektionsausgleich kombiniert werden, was insgesamt zur Verbesserung der Abbildungsleistung beiträgt. Aufgrund dieser Vorzüge bietet Nikon z.B. AF-Teleobjektive AF-2.8/180mm und AF-2.8/300mm mit Innenfokussierung an.

Objektive anderer Hersteller

Wie wir gesehen haben, hat Nikon heute ein AF-Objektivprogramm, das keine Wünsche offen läßt. Trotzdem sollte man auch die Nikon-kompatiblen AF-Objektive renommierter Fremdhersteller in Betracht ziehen. Gute Qualität zum Billigstpreis wird allerdings auch von ihnen nicht angeboten!

Wichtiger Hinweis: Selbstverständlich übernimmt Nikon nur für original AF-Nikon-Objektive die Garantie für einwandfreies Funktionieren der F-601! Daß diese Garantie für das Funktionieren der F-601 mit Objektiven von Fremdherstellern nicht gilt, ist Nikon nicht zu verargen.

Auf Garantie achten: Wenn Sie ein Nikon-kompatibles AF-Objektiv eines renommierten Herstellers erwerben, worunter ich zur Zeit vor allem Sigma, Tokina und Tamron rechne, ist das Risiko wohl kaum zu hoch. Denn diese Firmen sind nun ja schon seit vielen Jahren in Deutschland präsent und bieten, wie ich im Falle Sigma und Tamron aus eigener Erfahrung bestätigen kann, zuverlässige und relativ schnelle Garantiereparaturen.

Die Fremdobjektiv-Palette: Die größte Palette Nikon-kompatibler AF-Objektive wird von Sigma angeboten. Darunter u.a. ein 3.5-4.5/28-70mm, ein lichtstarkes 3.8/75-200mm und ein optisch besonders brillantes 3.5-4.5/70-210mm APO. Auch Festbrennweiten wie ein AF 2.8/24mm und vor allem das AF-Makro 2.8/90mm (stufenlos bis 1:2 mit mitgelieferter Vorsatzlinse bis 1:1) sind eine Überlegung wert. Ein Renner ist bereits das relativ preisgünstige AF 5.6/400mm APO. Tamron bietet ein AF 4-5.6/35-90mm, ein AF 4.5-5.6/90-300mm und ein AF 2.5/90mm. Dieses letzte Objektiv war bereits in manueller Version über viele Jahre mein Lieblingsobjektiv.

Wieviel und welche Objektive braucht der Mensch?

«Leicht, kurz, lichtstark, brillant und superscharf, Zoombereich von 35mm - 300mm ...» so stellen sich viele Fotografen ein gutes Objektiv vor. Dabei ist diese Forderung so phantastisch wie die ruhige, große Wohnung im Stadtzentrum mitten im Grünen für 400 Mark Miete. Wer auf echte Qualität steht, wird gerne ein paar Zentimeter und Gramm mehr durch die Gegend schleppen und auch ein paar hundert Mark mehr ausgeben.

Mein Rat: Kaufen Sie Ihre F-601 statt mit 1,8/50mm gleich mit dem AF-Zoom 2.8/35-70mm. Dieses Normalobjektiv können Sie nach Bedarf und Ambitionen durch einen festbrennweitigen AF-Weitwinkel (z.B. das AF 2.8/20mm) und durch ein Universal-Teleobjektiv (z.B. das AF-Zoom 70-210mm) ergänzen. Wer zu Porträt tendiert, wird sich das AF 1.8/85mm von Nikon oder eines der 90er von Sigma oder Tamron zulegen. Als «Super»tele wird wohl das AF 4.0/300mm ein Traum bleiben. Aber vielleicht ist das AF 5.6/400mm APO von Sigma realisierbar?

Empfehlenswertes Zubehör

Wer ständig eine prallgefüllte Fototasche durch die Gegend schleppt, um dann stolz zu erzählen, er habe wieder einmal drei Bilder gemacht, wird zwangsläufig zum Gespött. Man sollte allerdings auch nicht in das andere Extrem verfallen und so unvollständig ausgerüstet unterwegs sein, daß der Spaß am Fotografieren vergeht. Für die Fotoausrüstung gilt: *So komplett wie unbedingt nötig und so knapp wie möglich!*

Das unverzichtbare Zubehör

UV-Filter oder Skylightfilter: Ein UV-Sperrfilter oder ein Skylightfilter sollten Sie stets vor dem Objektiv haben. Zwar sind das zwei zusätzliche Grenzflächen Glas/Luft und damit steigt die Gefahr von Streulicht und Reflexen, doch die Vorteile überwiegen fast immer. Solche Filter bieten nicht nur der Frontlinse Schutz vor Kratzern und Fingertappern, sie sperren auch die schädliche ultraviolette Strahlung aus. Die UV-Anteile im Sonnenlicht führen nämlich auch bei modernen Filmen zu Unschärfe und rätselhaftem Blauschleier. Das UV-Sperrfilter absorbiert nur ultraviolette Strahlung, das Skylightfilter dämpft zusätzlich auch etwas den Blauanteil, der bei bedecktem Himmel, bei Strandaufnahmen, im Gebirge oder bei hohem Sonnenstand überreichlich vorhanden ist. Ich habe seit Jahren vor sämtlichen Objektiven den Skylightfilter, denn ein Blaustich auf meinen Dias stört mich jedenfalls wesentlich mehr, als eine gelegentlich durch dieses Filter verursachte zu warme Farbwiedergabe. Doch zugegeben, das ist Geschmackssache. Puristen werden wohl eher zum UV-Sperrfilter greifen. Als Schutz der Frontlinse ist ein solches Filter nicht zu unterschätzen! Eine zerkratzte Frontlinse und damit ein neues Objektiv, ist jedenfalls wesentlich teurer, als ca. alle zwei Jahre 30 Mark für ein gutes UV- oder Skylightfilter.

Sonnenblende keine Geschmacksache: Ebenfalls fester Bestandteil jeden Objektivs sollte die sogenannte Sonnenblende sein, die auch als Gegenlichtblende bezeichnet wird. Beide Namen sind irreführend, da diese Blende vor Streulicht schützen soll, also besser Streulichtblende heißen sollte. Im Idealfall soll nämlich nur das vom Motiv stammende Licht zur Abbildung auf den Film beitragen. Fällt stattdessen in das ungeschützte Objektiv von schräg vorne oder von der Seite anderes Licht ein, geistert es durch die Optik und kann außer zu bösen Reflexen auch noch zu schlechtem Kontrast und schwacher Farbsättigung, kurz zu «Streulicht» führen. Wenn Sie allerdings direkt gegen die Sonne fotografieren, nützt auch die Streulichtblende nichts. Im praktischen Alltag sind starre «Sonnenblenden» aus Hartkunststoff oder Metall solchen aus Gummi vorzuziehen. Denn flexible Sonnenblenden können sich, «in der Hitze des Gefechts» durch unbeabsichtigtes Anstoßen, leicht umstülpen. Plötzlich haben Sie dann auf Ihrem Bild unerklärliche Vignettierungen, d.h. Abschattungen am Rande. Nur beim Wegstauen der Objektive sind die Gummisonnenblenden wesentlich praktischer. Lassen Sie sich auf keinen Fall von professionellen Ignoranten vormachen, Sonnenblenden, UV-Sperrfilter oder Skylightfilter seien amateurhafter Schnick-Schnack!

Kameraverschlußdeckel: Was Sie bestimmt brauchen, ist der Kameraverschlußdeckel. Der gehört immer dann auf die Kamera, wenn sie ohne Objektiv aufbewahrt wird. Abgesehen vom Staubschutz verhindert dieser Verschlußdeckel, daß Sie beim Herausholen der Kamera aus der Fototasche auf den Spiegel oder die Kontakte greifen. Dies kann nämlich erhebliche Schäden verursachen.

Objektivrückdeckel: Unerläßlich sind auch Objektivrückdeckel. Sie müssen sofort nach dem Lösen des Objektivs von der Kamera aufgesteckt werden, sonst drohen nicht nur Kratzer oder Fingertapper auf der Hinterlinse, sondern auch Verbiegen des Blendenmechanismus oder andere mechanische Schäden. Auch wenn diese Deckel oft noch zu locker sitzen oder klemmen, muß man Nikon das Kompliment machen dazugelernt zu haben. Inzwischen sind sie genauso gut oder schlecht wie bei allen anderen Herstellern. Deshalb dürfen Sie Ihr Objektiv nie am Rückdeckel aus der Tasche angeln, außer Sie glauben, daß Scherben Glück bringen. Ein Objektivverschlußdeckel für die

Frontlinse erübrigt sich, wenn Sie ein UV-Sperr- oder ein Skylightfilter verwenden .

Fototaschen: Eine «Bereitschaftstasche» ist in meinen Augen nichts für Fotografen. Für mich ist eine Bereitschaftstasche bestenfalls ein Transportschutz, wenn ich die Kamera im Rucksack oder in der Reisetasche dabei habe. Beim eigentlichen Fotografieren ist sie nur im Weg. Wer sich mit dem Gedanken an eine größere Ausrüstung trägt, sollte sein Geld lieber in einer guten Fototasche anlegen. Eine solche Fototasche sollte geräumig sein, schnellen Zugriff bieten, federleicht und tragefreundlich sein, spritzwasserfest und staubdicht, und sie sollte optimalen Stoßschutz bieten. Das ist viel und wird von einer Billigtasche sicher nicht gewährleistet (u.a. werden brauchbare Modelle von Billingham, Cullmann, Hama, Lowe, Rowi, Tenba und Tamrac angeboten).

Fotokoffer: Alukoffer sind gewiß der beste Schutz für die Fotoausrüstung, aber sie sind relativ schwer und unhandlich. Ein gemütlicher Stadtbummel mit solch einem Fotokoffer ist unvorstellbar. Und wenn dann auf dem Koffer noch mit großen Lettern Nikon prangt, werden Sie ihn bald los sein. Die ideale Kombination besteht wohl aus einer guten, zugriffreundlichen Kameratasche, die alles enthält was Sie immer brauchen (Filme, Wechselobjektive, Ersatzbatterien, Staubpinsel) und einem Transportkoffer für den Rest der Ausrüstung.

Köcher und Beutel: Von zweifelhaftem Wert sind Köcher und Objektivschutzbeutel. Auch aus nobelstem Leder gefertigt, nützen sie bestenfalls zum Verpacken der wertvollen Objektive. Aber haben Sie Ihre Objektive wirklich zum Verpacken gekauft und nicht etwa doch zum Fotografieren? Wer das will, der muß schnellsten Zugriff haben. Am besten sitzen dazu die Objektive ohne sonstige Verpackung griffbereit in der Fototasche oder im Koffer. (Über den heißen Tip eines Altmeisters des Fotojournalismus, die Objektive in Fensterleder einzuschlagen, habe sicher nicht nur ich geschmunzelt). Wichtig ist allerdings, daß die Objektive beim Transport nicht ständig gegeneinander schlagen, deshalb sollten Zwischenfächer vorhanden sein. Dauernde Erschütterungen könnten zur Lockerung von Linsverschraubungen führen. Bin ich allerdings ohne Fototasche unterwegs, dann trage ich die Kamera unter der Jacke und habe ein, zwei Wechselobjektive in Beuteln in den Jackentaschen.

Drahtauslöser: An der F-601 sind nur klassische Drahtauslöser anschließbar. Wenn Sie beim Reproduzieren oder Mikroskopieren, aber auch bei Langzeitaufnahmen, erschütterungsfrei auslösen wollen, ist der Drahtauslöser eine gute Sache. Der Selbstauslöser ist kein Ersatz, denn er ermöglicht ja keine spontane Auslösung zu beliebigem Zeitpunkt. So sind z.B. Porträts vom Stativ mit dem Drahtauslöser eine lockere Sache. Nachdem man sein Motiv scharfgestellt hat, steht man entspannt neben der Kamera und kann nun mitten im Plausch unbemerkt auslösen.

Unverzichtbare Kleinigkeiten: Einen Blasepinsel zum Entstauben der Objektive, etwas Linsenpapier und Linsenreinigungsflüssigkeit gegen Fingertapper, eine Rolle schwarzes Tesaband, eine Kamera-Ersatzbatterie, ggfs. Ersatzbatterieset oder Akkuset für Blitzgerät, den Okularverschluß, einen Stativschnellwechsel-Adapter, einen «Film aus der Patrone Zieher», eine Graukarte für exakte Lichtmessung, ein kleiner Schreibblock, einen auslaufsicheren, auf jedes Material schreibenden Faserschreiber ... das sind alles Dinge, deren Mitschleppen ich noch nie bereut habe.

Was man vielleicht brauchen könnte

Schärfe nur mit Stativ: Meine erste eigene Kamera kostete 1963 genau 99 Mark. Sie hatte als Objektiv ein Zeiss-Tessar und damals revolutionäre 1/750s als kürzeste Verschlußzeit. Schon das Jahr darauf kaufte ich dann ein Stativ und das kostete 89 Mark. Offensichtlich war es mir damals trotz schmalem Taschengeld selbstverständlich, zur guten Kamera, ein genauso gutes Stativ zu erwerben. Auch heute mit den modernen «Elektronik»-Kameras sind Stative nur zu oft unerläßlich. Bei Available-Light ohnehin, aber vor allem beim Arbeiten mit langen Brennweiten ab ca. 300mm, darf man auf ein stabiles Stativ nicht verzichten. Das Verreißen beim Auslösen ist so groß, daß

Sie selbst bei kurzen Verschlußzeiten nie richtig scharfe Bilder bekommen.

Zirkular Polfilter für satte Farben und gegen Reflexe: Nützlich gegen Spiegelungen und Glanzlichter aber auch gegen Dunst bei Fernaufnahmen ist das Polarisationsfilter, kurz Polfilter genannt. Je nachdem, wie es vor dem Objektiv verdreht wird, läßt es nur Licht bestimmter Polarisationsrichtung durch. So können Sie u.a. Spiegelungen auf Wasser, in Glasscheiben, auf Lack und Kunststoff ausblenden. Nicht möglich ist dies bei Metallen! Bei Landschaftsaufnahmen ist das durch den Dunst gestreute Licht anders polarisiert als das Licht, das direkt vom Motiv kommt, deshalb kann mit dem Polfilter der Dunst weggefiltert werden. Gleichzeitig werden dadurch die Farben satter. Da Polfilter viel Licht schlucken, muß zum Ausgleich länger belichtet werden. Das wird aber von der F-601 in allen Betriebsarten automatisch berücksichtigt. Allerdings benötigen Sie bei der F-601 Zirkularpolfilter. Die preisgünstigeren Linearpolfilter sind leider völlig ungeeignet! Denn durch die Linearpolfilter wird die AF-Sensoreinheit der Autofokuseinrichtung irritiert und es gibt Probleme beim automatischen Scharfstellen.

Effektfilter: Was diese vielgelobten «Kreativ»filter und Vorsätze betrifft, kann ich nur warnen. Hier stimmt schon der Name nicht! Es kann zwar vorkommen, daß ein gutes Foto durch Kreativfilter noch besser wird, aber schlechte Fotos werden auch durch Kreativfilter keine Kunstwerke. Wenn dann diese Filter und Vorsätze oft gar nicht so funktionieren wie erwartet, wundert mich das auch nicht. (Schließlich habe ich mal über 90 verschiedene Filter und Vorsätze getestet). Schon rein nach den Gesetzen der Physik und Optik können die meisten Vorsätze nicht die hervorragenden Bilder liefern, wie sie in den Werbeprospekten der Hersteller abgebildet sind. Viele dieser Vorsätze sind nämlich abhängig von der verwendeten Brennweite, der Einstellentfernung, dem Abstand des Filters zur Frontlinse, der Objektivblende, dem Beleuchtungskontrast usw., usw. So muß man eventuell mehrere separate Aufnahmen machen und sie dann als Dias sorgfältig übereinander montieren, um die oft vorgezeigten Bilderbucheffekte zu erzielen.

Hinweis: Wichtig für die Verwendung mit der F-601 ist die mögliche Irritierung des Autofokus (F-601 AF) und der Belichtungsmessung durch manche dieser Filter und Vorsätze! Sie müssen eventuell auf manuelle Scharfstellung und Belichtungseinstellung umsteigen. Die Belichtungsmessung nimmt man in vielen Fällen am besten vor Aufsetzen des Filters vor. Mit Sicherheit ein weites Feld zum Experimentieren. Und das kann auch Spaß machen!

Kein Databack zur F-601: Zur F-601 gibt es kein separates Databack. Es gibt jedoch ein zusätzliches Modell F-601 QUARTZ DATE mit eingebauter Uhr. Bei dieser Kameraversion können Jahr, Monat, Tag, Stunde und Minute in die Bilder einbelichtet werden.

Pflege und Aufbewahrung von Kamera und Zubehör

Bitte nicht totpflegen: Eine Kamera ist nichts für Putzteufel, jedes Übertreiben bei ihrer Pflege kann auch Schaden anrichten. Ein bißchen Sorgfalt ist allerdings sinnvoll und notwendig.

Staub und Sand: Der größte Feind des Fotografen ist der Staub. Jeglicher Staub im Kamerainneren, Filmabrieb z.B., muß sofort entfernt werden, sonst klebt er beim nächsten Film mitten auf dem Bild. Weiche Blase- oder besser noch Saugpinsel haben sich für das Entstauben von Kameras gut bewährt. Auch zum Entstauben der Front- und Hinterlinsen von Objektiven sind sie nützlich. Tödlich kann Sand für Ihre Kamera sein; kommt er z.B. in die Verschlußmechanik, ist es aus. Also am Sandstrand oder im Sandsturm in der Wüste, die Kamera immer in einem dichten Behälter aufbewahren.

Fingertapper: Kommt einmal ein Fingertapper auf Linsen oder Filter, müssen Sie ihn sofort beseitigen. Wenn der Schweiß länger einwirkt, frißt er sich unauslöschlich in die Oberfläche ein. Sie sehen zwar die Tapper und Kratzer der Linsenoberfläche nicht direkt im Bild, Sie merken es jedoch am flauerwerden der Bilder. Mit Linsenreinigungspapier und einer im Fotohandel erhältlichen Linsenreinigungsflüssigkeit können Sie Objektiv und Filter vorsichtig und ohne jeden Druck säubern. Dabei darf auf keinen Fall ein Sandkörnchen oder ähnlich hartes zwischen Linse und Papier geraten.

Nichts ölen: Auch das feinste Nähmaschinenöl ist für Ihre Kamera und für die Objektive verboten! Jedes Öl verharzt nach einiger Zeit und statt Schmierung klemmt es dann erst recht. Alle Kameras und Objektive auch die von Nikon sind heute werkseitig dauergeschmiert auf Lebenszeit, und zwar nur an den dafür vorgesehenen und meist sowieso nicht zugänglichen Stellen. Sollten Sie also wirklich meinen, Ihre Kamera knarre zu stark oder die Springblende Ihres Objektivs sei zu schwergängig, nützt nur Einschicken an den Kundendienst.

Schutz vor Feuchtigkeit: Zur Pflege der Kamera gehört auch ein dichter Kunststoffbeutel, wenn die Kamera vor Sand (s.o.), vor Regen, zu großer Luftfeuchtigkeit oder vor dem Absaufen geschützt werden soll. Das geht hin bis zum absolut dichten, aufblasbaren Behälter mit Auftrieb für den Wassersport. In solch dichten Plastikbeuteln entsteht sehr leicht Schwitzwasser, und das kann sehr schlecht für den Film und Kamera sein. Sie dürfen also Ihre F-601 nur dann dicht verpacken, wenn Sie gleichzeitig einige Beutelchen Trocknungsmittel (Silicagel z.B. von Hama) beilegen.

Kondenswasser auf der Kamera: Im Winter, wenn Sie mit der kalten Kamera von draußen in das warme Zimmer kommen, beschlägt sich diese sofort. Hier nützt zunächst oberflächliches Abwischen und längeres Offenstehenlassen, bis sie tatsächlich wieder voll getrocknet ist. Erst dann darf sie im Schrank verstaut werden. Besser ist es jedoch, wenn Sie die Kamera in der Fototasche verpackt lassen, bis sich nach und nach die gesamte Ausrüstung im Zimmer akklimatisiert hat.

Blitzgeräte: Wenn Sie Blitzgeräte für längere Zeiten nicht benützen wollen, vergessen Sie auf keinen Fall, die Batterien herauszunehmen. Auslaufende Batterien zerstören das Blitzgerät. Wenn Sie Ihr Blitzgerät längere Zeit nicht benützen, sollten Sie es trotzdem von Zeit zu Zeit mit Batterien füllen. Nach dem Sie es ein paar Minuten eingeschaltet haben, lösen Sie es ein paar Mal aus. Dann lassen Sie noch einmal aufladen und schalten es ohne auszulösen wieder ab. Diese Prozedur sorgt für die Formierung des Blitzkondensators und hält ihn fit. Ohne diesen Trick verliert er im Lauf der Zeit an Kapazität und das Blitzgerät die volle Leistung.

Hände weg: Ansonsten gilt, stets Hände weg vom Innenleben von Kameras, Objektiven und Blitzgeräten, sie sind wirklich nichts für Bastler! Bei Defekten sollte man sie stets an den Kundendienst des Herstellers einschicken.

Das Wichtigste zum Thema Schärfentiefe

Der gezielte Einsatz der Schärfentiefe ist für gelungene Bildgestaltung unverzichtbar. Die bildgestalterischen Aspekte finden Sie in Unterkapitel des Hauptkapitels «Zeitautomatik» behandelt, hier geht es vor allem um die fototechnischen Aspekte.

Schärfentiefe - die grundlegenden Zusammenhänge

Definition der Schärfentiefe: Es ist unmöglich, ein räumliches Motiv von Entfernung Null bis Unendlich gleichermaßen scharf abzubilden. Da die wenigsten Motive zweidimensional sind, sondern räumliche Tiefe besitzen, kann immer nur ein gewisser Bereich dieser räumlichen Tiefe scharf abgebildet werden. Geht man vom Standpunkt der Kamera bei der Aufnahme aus, dann gibt die Schärfentiefe an, von welcher Mindestentfernung bis zu welcher maximalen Entfernung das Motiv scharf abgebildet wird.

Faustregel: Als erste Regel mag «Große Einstellentfernung und kleine Blendenöffnung (große Blendenzahl!) ergeben große Schärfentiefe» genügen. Es ist jedoch sehr nützlich die Zusammenhänge etwas genauer im Kopf zu haben!

Schärfentiefe und Blendenöffnung: Sind Brennweite und Einstellentfernung vorgegeben, läßt sich die Schärfentiefe durch Einstellung der Blende variieren. So hat ein auf 3m eingestelltes 50mm-Objektiv bei einer Blendenöffnung von 1.2 einen Schärfenbereich von 2.88m bis 3.14m. Bei Blende 5.6 ist der Schärfenbereich bei gleicher Einstellentfernung auf 2.5m bis 3.7m gewachsen und bei Blende 22 erstreckt er sich von 1.6m bis 15m. Mit abnehmender Blendenöffnung steigt also die Schärfentiefe. Die Abhängigkeit der Schärfentiefe von der Blende können Sie ausnützen. Ist Ihnen die Entfernung zum Motiv vorgegeben und haben Sie die Objektivbrennweite gewählt, dann können Sie die Schärfentiefe einfach durch Auf- und Abblenden regulieren. Bei Architketuraufnahmen, bei denen normalerweise große Schärfentiefe erwünscht ist, werden Sie also abblenden. Bei Porträts, bei denen ein scharfer Hintergrund das Bild in der Regel nur unruhig macht und den Betrachter vom Wesentlichen ablenkt, werden Sie aufblenden.

Schärfentiefe und Einstellentfernung: Stellen Sie mit einem Objektiv der Brennweite 50mm bei Blende 8 auf 0,5m Entfernung ein, erstreckt sich der Schärfebereich von 0.49m bis 0.54m, bei Einstellung auf 3m dagegen von 2.2m bis 5.2m und bei Einstellung auf ∞ sogar von 9m bis ∞. Je kürzer also die Einstellentfernung, um so knapper ist der Schärfebereich, bzw. die Schärfentiefe wächst mit der Einstellentfernung. Wenn wir hier von Nahaufnahmen absehen, dehnt sich dabei der Schärfebereich immer weiter hinter den Einstellpunkt als zur Kamera hin. Für mittlere Entfernungen gilt die Faustregel: Der Schärfebereich reicht ca. 1/3 vor und 2/3 hinter die Einstellebene.

Schärfentiefe und Brennweite: Bei Blende 8 und einer Einstellentfernung von 4m reicht der Schärfebereich bei Objektivbrennweite 50mm von 2.9m bis 8m, bei Brennweite 28mm von 1.8m bis ∞ und bei 16mm von 0,8m bis ∞. Bei gleicher Einstellentfernung und Blende steigt also der Schärfebereich mit abnehmender Brennweite.

Brennweite und Abbildungsmaßstab: «Kurze Brennweite gibt große Schärfentiefe» ist jedoch nur richtig, wenn Sie von einem festen Kamerastandpunkt aus mit verschiedenen Brennweiten Aufnahmen vom gleichen Motiv machen. Haben Sie z.B. eine Einstellentfernung von 4m und die Blende 8, reicht mit einem Objektiv der Brennweite 16mm der Schärfebereich von 0.8m bis ∞ mit einem 50mm-Objektiv dagegen nur von 9m bis ∞. Da in unserem Beispiel der Aufnahmestandpunkt (Entfernung zum Motiv) gleich bleibt, wird mit zunehmender Brennweite der Abbildungsmaßstab größer. Das heißt, die Schärfentiefe ist zwar bei dem 16mm-Objektiv erheblich größer, jedoch wird unser Motiv auch ganz erheblich kleiner abgebildet! Betrachten wir deshalb den anderen Fall, ein und dasselbe Motiv wird mit verschiedenen Brennweiten aus unterschiedlichen Entfernungen so aufgenommen, daß es mit jeder dieser Brennweiten gleich groß abgebildet wird. Weil Sie dazu mit dem Weitwinkelobjektiv wesentlich näher heran müssen als mit dem Normalobjektiv oder gar dem Teleobjektiv, wird die Schärfentiefe bei der Weitwinkelaufnahme wieder zusammenschrumpfen. Die Faustregel vom Gewinn an Schärfentiefe durch kürzere Brennweite gilt also nur bei abnehmendem Abbildungsmaßstab. Bei gleichem Abbildungsmaßstab gibt es dagegen keinen Gewinn an Schärfentiefe durch kleinere Brennweiten.

Praktische Tips zum Einsatz der Schärfentiefe

Größtmögliche Schärfentiefe: Das erreichen Sie durch genaues Scharfstellen auf die Entfernung des bildwichtigen Motivpunktes und durch Abblenden auf kleine Blendenöffnung (große Blendenzahl!). Arbeiten Sie mit dem Autofokus, müssen Sie mit dem AF-Meßfeld den bildwichtigen Motivpunkt anvisieren.

Enger Schärfetiefebereich: Wollen Sie nur einen ganz bestimmten, eng begrenzten Schärfebereich, müssen Sie relativ weit aufblenden (kleine Blendenzahl) und ganz genau die Entfernung einstellen bzw. vom Autofokus einstellen lassen.

Scharfer Vordergrund, unscharfer Hintergrund: Wollen Sie vor allem scharfen Vordergrund bis hin zum Hauptmotiv, müssen Sie den Einstellpunkt weiter zur Kamera hin verlegen und gerade soweit abblenden, daß Ihr Hauptmotiv noch scharf kommt. Stellen Sie also mit dem Autofokus zunächst auf einen Punkt vor Ihrem bildwichtigen Motivdetail scharf, und wählen Sie dann mit gespeicherter Schärfe den gewünschten Bildausschnitt, bevor Sie auslösen.

Unscharfer Vordergrund, scharfer Hintergrund: Hätten Sie dagegen gerne den Vordergrund unscharf und das Hauptmotiv samt dem Hintergrund scharf, müssen Sie ähnlich wie zuletzt arbeiten, nur daß Sie jetzt die Schärfenebene etwas hinter das Hauptmotiv legen.

Technische Hintergründe der Belichtungs- und Blitzautomatiken

So funktioniert die Matrix-Messung mit automatischer Belichtungskorrektur

Bei vielen Motiven ist eine richtige Belichtung mit herkömmlicher Messung einfach deshalb unmöglich, weil der Kontrast so hoch ist, daß ihn der Film nicht mehr verkraften kann. Oder anders gesagt, die Helligkeitsunterschiede zwischen den hellsten und dunkelsten Stellen des Motivs sind so groß, daß man sich beim Belichten auf Lichter oder Schatten entscheiden muß. Ohne diese Entscheidung, die bei herkömmlichen Kameras der Fotograf selbst treffen muß, erhält man zu helle oder zu dunkle Bilder. Beim bekanntesten Problemmotiv dieser Art, dem Gegenlichtporträt, belichtet also eine Kamera mit Integralmessung aufgrund des starken Hintergrundlichts automatisch zu knapp. Resultat ist eine Silhouette. Mit herkömmlicher Methode wäre nur durch formatfüllendes Anmessen des Hauptmotivs eine korrekte Belichtung zu erreichen. Die Nikon F-601 jedoch führt in Belichtungsbetriebsart «Matrix-Messung» die notwendigen Belichtungskorrekturen im Normalfall vollautomatisch aus. Der ambitionierte Fotograf sollte allerdings wissen, wie sie das macht, um selbst beurteilen zu können, in welchen Fällen er sich auf die Belichtungskorrekturautomatik der F-601 verlassen will und in welchen Fällen nicht.

Messung von fünf Feldern: Das vom Objektiv projizierte Motivbild fällt auf den Spiegel und von dort ins Sucherprisma, von wo es in einem Nebenstrahlengang auf den Fünffeldsensor projiziert wird. Der Fünffeldsensor besteht, wie sein Name schon sagt, aus fünf Meßfeldern. Das mittlere Meßfeld entspricht in etwa dem von der mittenbetonten Integralmessung her bekannten Einfachsensor. Die vier zusätzlichen Sensoren erfassen jeweils den Rest der linken und der rechten Bildhälfte, wobei die Gewichtung jedoch so ist, daß die ausgesprochenen Randbereiche stark unterbetont werden.

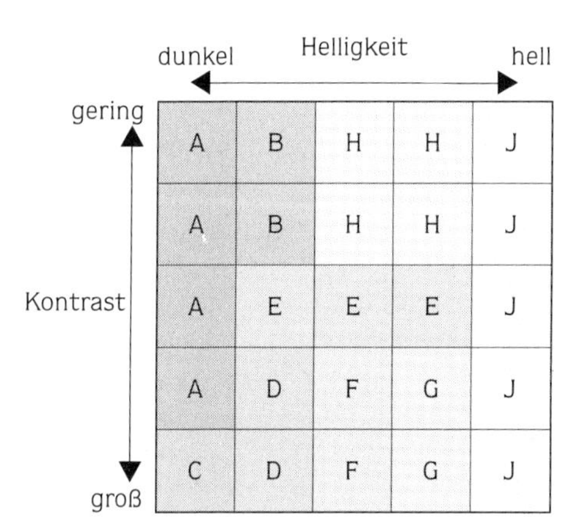

Auswertungsmatrix der Fünffeldmessung

Auswertung der Fünffeld-Messung: Der Computer der F-601 wertet nun die Messungen der fünf Felder folgendermaßen aus:

- Er bestimmt die durchschnittliche Helligkeit über alle fünf Felder, wobei extrem helle und dunkle Werte nicht berücksichtigt werden.
- Er merkt sich den Wert für das dunkelste Motivfeld.
- Er merkt sich den Wert für das mittlere Feld, der dem herkömmlicher mittenbetonter Messung entspricht.
- Er merkt sich den Wert für das hellste Feld.
- Und er bestimmt den Kontrast, die Helligkeitsdifferenz zwischen hellstem und dunkelstem Feld.

Zur rechnerischen Auswertung besitzt der Kameracomputer nun eine «Matrix», eine Art Tabelle mit fünf Spalten für den Kontrast und fünf Zeilen für die Gesamthelligkeit. Rein rechnerisch kann nun der Kameracomputer jeweils fünf Fälle unterscheiden. Für die Helligkeit: Extrem dunkel - dunkel - mittel - hell - extrem hell. Für den Kontrast: Sehr gering - gering - mittel- groß - sehr groß.

Klassifierzierung durch Auswertung von Gesamthelligkeit und Kontrast: Das gibt 5x5, also 25 Fälle nach denen er das gemessene Motiv belichtungsmäßig klassifizieren kann. Je nachdem in welches der 25 «Kästchen» die gemessenen Werte passen, veranlaßt der Kameracomputer unterschiedliche Belichtung. Nachfolgend die nach meinen eigenen Recherchen wichtigsten Fälle.

Extrem dunkel, unabhängig vom Kontrast (A): Zum Beispiel Nachtaufnahmen im Freien oder in schlecht beleuchteten Innenräumen. Typisch für diese Aufnahmesituation sind evtl. einige wenige punktuell recht helle Lichtquellen, der Rest dieser Motive ist jedoch ziemlich dunkel. Das heißt, die durchschnittliche Helligkeit ist zwar gering, der Kontrast ist jedoch evtl. sehr hoch. Bei Belichtung mit mittenbetonter Messung oder Spot-Messung wäre die Wahrscheinlichkeit der zufälligen Belichtung auf die hellen Lichtquellen, oder aber auch die dunkelsten Ecken so groß, daß meist entweder völlig abgesoffene oder aber unnatürlich helle Bilder resultieren. Dagegen belichtet die Matrix-Messung der F-601 diese Motive entsprechend dem Durchschnittswert über alle fünf Meßfelder, was sehr natürlich wirkende Bilder ergibt.

Dunkel, geringer Kontrast (B): Typische Motive sind z.B. Landschaft bei Sonnenuntergang, Dämmerung oder gut beleuchtete Innenräume. Die F-601 belichtet automatisch mittenbetont und wird so das in der Regel in der Bildmitte befindliche Hauptmotiv besonders gut belichten.

Dunkel, Kontrast sehr groß (C): Dämmerung, schlecht beleuchtete Innenräume. Die F-601 belichtet automatisch auf den Durchschnittswert, um zufällige Belichtung auf eine Lichtquelle oder die dunkelste Ecke zu verhindern. So resultieren auch bei diesen Motiven meist sehr ausgeglichen belichtete Bilder.

Gesamthelligkeit gering, Kontrast groß bis sehr groß (D): Typisch für helles Hauptmotiv vor dunklem Hintergrund. Die F-601 belichtet deshalb auf die hellen Motivpartien.

Helligkeit gering bis hell, mittlerer Kontrast (E): Typisch sind Außenaufnahmen bei hellem Tageslicht und durchschnittlichem Wetter. Hier belichetet die F-601 wieder mittenbetont, und «erwischt» so in der Regel das Hauptmotiv besonders gut.

Helligkeit mittel, Kontrast groß bis sehr groß (F): Hier tippt die F-601 auf leichtes Gegenlicht und belichtet auf die dunklen Bildpartien. In den meisten Fällen hat sie mit dieser Auswertung recht, und sie erreicht gut belichtete Bilder.

Große Helligkeit, großer bis sehr großer Kontrast (G): Zum Beispiel extremes Gegenlicht oder Badende bei knalligem Sonnenlicht im Meer. Die F-601 belichtet mit dem Durchschnittswert. Mit mittenbetonter Messung oder Spot-Messung müßte man, um besser zu belichten, bei diesen Motiven entweder das Hauptmotiv formatfüllend anmessen, oder aber mit zusätzlichen manuellen Belichtungskorrekturen arbeiten.

Hell, sehr geringer bis geringer Kontrast (H): Normale Motive wie Straßenszenen bei heller, sommerlicher Beleuchtung. Die F-601 belichtet mit dem Durchschnittswert über alle fünf Meßfelder. Da ja bei diesen Motiven die Ausleuchtung offensichtlich sehr gleichmäßig ist, gibt es mit dieser Belichtung natürlich wirkende Bilder.

Extrem hell, unabhängig vom Kontrast (J): Typisch der weiße Sandstrand oder das Schneefeld in grellem, gleißendem Sonnenlicht, oder ein Blick in die Sonne selbst. Hier belichtet die F-601 automatisch reichlich, auf die dunklen Motivpartien.

Hinweis: Auch wenn die F-601 mit der Matrix-Messung, recht gut belichtete Bilder macht, so sollten Sie sich doch nicht blindlings darauf verlassen. Extreme Motive erfordern zusätzliche manuelle Belichtungskorrekturen. Wenn Sie ganz sicher sein wollen worauf Sie belichtet haben, empfiehlt es sich auch auf mittenbetonte Messung oder Spot-Messung mit manueller Belichtung und ggf. manuellen Korrekturen umzustellen.

So funktionieren die Blitzautomatiken der F-601

Steuerung der Blitzleuchtzeit: Die Leuchtdauer von Blitzen liegt zwischen ca. 1/200s und 1/50000s. Die Idee einer «Blitzbelichtungs-Automatik» ist es nun, die Blitzleuchtdauer in Abhängigkeit von Motiv und Aufnahmesituation automatisch zu steuern. Die herkömmlichen Computerblitze besitzen dazu einen externen Lichtsensor, der während der Belichtung, das vom Motiv reflektierte Licht mißt. Betrachten wir einen solchen Blitz, der bei voller Leistung mit 1/500s Leuchtzeit Leitzahl 40 hat (also bei Blende 8 eine Reichweite von 5m besitzt). Kommt nun nach dem Auslösen und Zünden des Blitzes viel Licht zurück, weil das Hauptmotiv nur ca. 3m entfernt ist, schaltet der «Computer» den Blitz einfach ab und verkürzt die Leuchtzeit auf z.B. 1/1000s. Auf diese Weise resultieren automatisch gut belichtete Bilder. Hauptschwäche dieser Blitzautomatik ist jedoch, die oft schlechte Übereinstimmung des vom Blitzsensor erfaßten Winkels mit dem Bildwinkel des Objektivs. Die am Computer-Blitzgerät sitzende Meßzelle hat normalerweise einen gleichbleibenden Meßwinkel von ca. 60°. Das heißt, der Meßwinkel stimmt nur bei Brennweiten um 50mm mit dem Objektivbildwinkel einigermaßen überein. Bei Weitwinkelaufnahmen mit erheblich größerem und bei Teleaufnahmen mit erheblich kleinerem Bildwinkel kommt es dann leicht zu Fehlbelichtungen. Darüber hinaus sind die meisten Computer-Blitzgeräte auf eine beschränkte Anzahl von Blenden festgelegt.

TTL-Blitzsteuerung: Bei der TTL-Blitzautomatik wird dagegen durch das Objektiv gemessen (Through The Lens). Nach Hochklappen des Spiegels, Schließen der Blende auf den Arbeitswert und vollem Öffnen des Verschlußvorhangs wird der Blitz ausgelöst. Während der nun folgenden Verschlußöffnungszeit mißt die Blitzmeßzelle im Kameraboden das von der Filmoberfläche reflektierte Licht und steuert nach diesem Meßsignal die Blitzleuchtzeit.

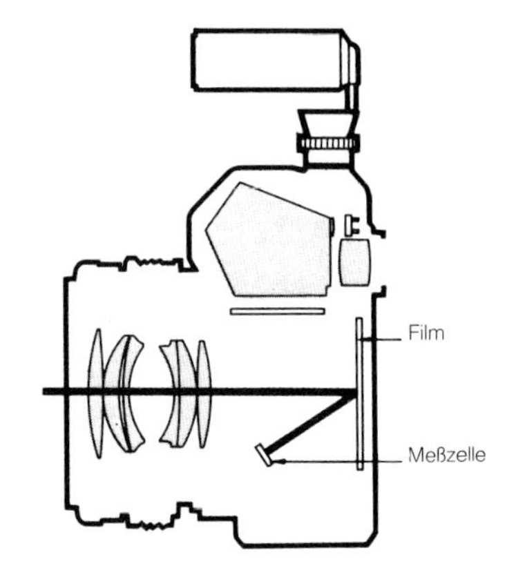

TTL-Steuerung der Blitzleuchtzeit: Die Kamera mißt nach Zünden des Blitzes das von der Filmoberfläche reflektierte Licht. Wenn es ausreicht, schaltet sie den Blitz ab und verkürzt dadurch die Leuchtzeit.

Automatische Berücksichtigung der Blende: Im Vergleich zu herkömmlichen Computer-Blitzgeräten hat die TTL-Blitzsteuerung den Vorteil weitgehend bildwinkelgenauer Erfassung des Motivs, Auszugsverlängerungen des Objektivs oder lichtschluckende Filter werden automatisch berücksichtigt. Bei dieser TTL-Blitzsteuerung ist es in einem relativ weiten Bereich egal, welche Blende am Objektiv eingestellt ist, denn die unterschiedlichen Blendenöffnungen werden durch die unterschiedlich angesteuerten Blitzleuchtzeiten automatisch ausgeglichen.

Steuerung der Blitzleistung: Eine andere Methode ist die Steuerung der Lichtleistung. Weiß die Blitzautomatik bereits vor dem Auslösen des Blitzes, wie weit das Hauptmotiv entfernt ist und welche Blende eingestellt ist, regelt sie einfach vor dem Auslösen seine Leistung dementsprechend herunter. Ein Leitzahl-40-Blitz würde also bei Blende 8 und Motiventfernung 4m automatisch auf LZ 32 gedrosselt und bei 3m Entfernung auf LZ 24 usw. Weiß die Blitzautomatik, wie groß die Motivhelligkeit und der Motivkontrast ist, kann auch auf dieser Grundlage die Blitzleistung grob vordosiert und die Feinregelung über die Blitzleuchtzeit vorgenommen werden. (Nikon nutzt dieses Verfahren z.B. bei der F-801 in Kombination mit dem Blitzgerät SB-24). Bei der F-601 wird jedoch in Kombination mit keinem Blitzgerät die Leistung gesteuert, sondern jeweils nur die Blitzleuchtzeit.

Matrixgesteuertes Blitzen: Der Computer der F-601 verknüpft die Möglichkeiten der Nichtblitz-Belichtungsautomatiken gekonnt mit den Methoden der TTL-gesteuerten Blitzdosierung. Praktisch bedeutet dies, die Blitzautomatik berücksichtigt bei mittenbetonter Messung und Spot-Messung die Helligkeit des Umgebungslichts und bei Matrix-Messung auch das Hintergrundlicht und den Motivkontrast. Die Blitzautomatik wählt entsprechend dieser Belichtungsmessung die Blende und die Verschlußzeit vor, macht eine Vorkorrektur der Blitzleuchtzeit und regelt dann während der Belichtung die Leuchtzeit des Blitzes. Diese Blitzautomatik der F-601 ist zusammen mit allen Belichtungs-Betriebsarten sowohl in Programm-, Blenden- und Zeitautomatik als auch bei manueller Belichtungseinstellung aktiv. Die wichtigste Blitzautomatik der F-601 ist zweifelsohne das matrixgesteuerte Blitzen mit Programmautomatik. Hier geht bei gerin-

Matrix-gesteuertes, automatisch ausgewogenes Aufhellblitzen

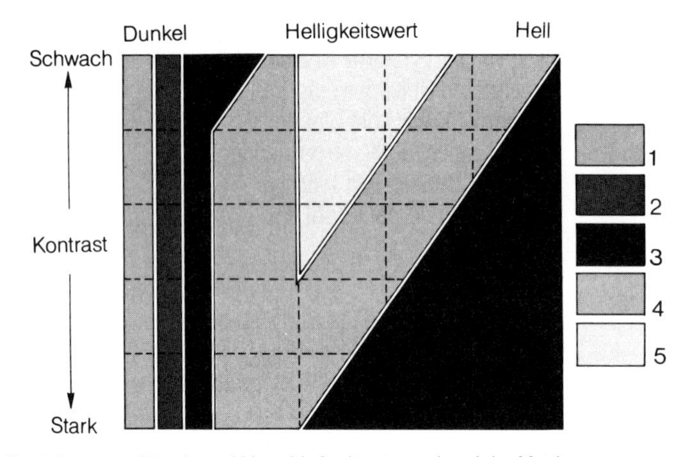

Einstellung von Blende und Verschlußzeit entsprechend der Matrixmessung: (1) Betonung des mittleren Segments · (2) Betonung des dunkelsten Bildbereichs · (3) Messung des Durchschnittswerts · (4) Betonung des hellsten Bildbereichs · (5) Betonung eines extrem hellen Bildbereichs

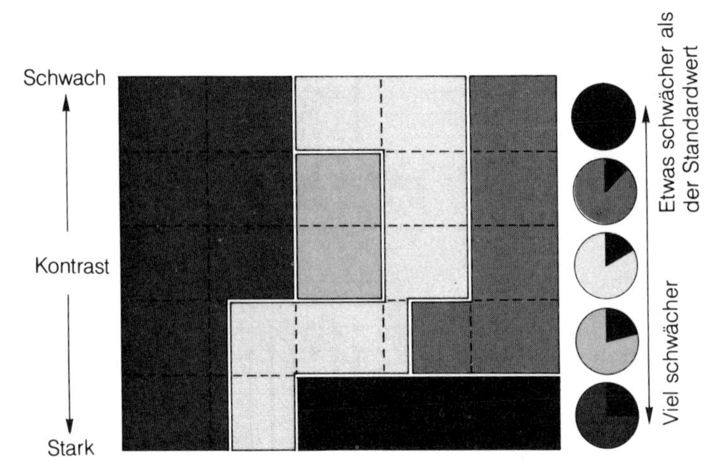

Voreinstellung der Blitzleistung entsprechend der Matrixmessung

ger Gesamthelligkeit das ausgesprochene Aufhellblitzen (Minuskorrektur des Blitzlichts) in normales TTL-Blitzen allerdings nach wie vor unter Berücksichtigung des Restlichts über. In etwa können die nachfolgenden Grenzfälle der automatischen Belichtungs- und Blitzregelung unterschieden werden: *Extrem dunkel, bei jedem Kontrast:* Der Kameracomputer stellt automatisch Blende und Verschlußzeit entsprechend der im mittleren Segment gemessenen Helligkeit ein. Gleichzeitig korrigiert er den Blitz deutlich nach Minus. *Sehr dunkel, bei jedem Kontrast:* Der Kameracomputer stellt automatisch Blende und Verschlußzeit entsprechend des dunkelsten Bildbereichs ein. Gleichzeitig korrigiert er den Blitz deutlich nach Minus. *«Normal» dunkel, bei jedem Kontrast:* Der Kameracomputer stellt automatisch Blende und Verschlußzeit entsprechend der durchschnittlichen Bildhelligkeit ein. Gleichzeitig korrigiert er den Blitz deutlich nach Minus. *«Normal» hell, bei schwachem Kontrast:* Der Kameracomputer stellt automatisch Blende und Verschlußzeit entsprechend des hellsten Bildbereichs ein. Gleichzeitig korrigiert er den Blitz deutlich nach Minus. *«Normal» hell, Kontrast mittel bis gering:* Der Kameracomputer stellt automatisch Blende und Verschlußzeit entsprechend der hellen Bildbereiche ein. Gleichzeitig korrigiert er den Blitz mäßig bis stark nach Minus. *«Normal» hell, bei starkem Kontrast:* Der Kameracomputer stellt automatisch Blende und Verschlußzeit entsprechend des hellsten Bildbereichs ein. Gleichzeitig korrigiert er den Blitz nur etwas nach Minus. In allen Fällen wird während der eingestellten Verschlußöffnungszeit die Blitzleuchtzeit zusätzlich aufgrund des von der Filmoberfläche reflektierten Lichts gesteuert.

Elektronische Grenzen der TTL-Blitzsteuerung: Wie jede Meßregelung hat auch die TTL-Blitzsteuerung ihre Grenzen. Schließlich braucht es eine gewisse, wenn auch sehr kurze Zeit, bis die Kameraelektronik gemessen, gerechnet und dem Transistor oder Thyristor des Blitzgerätes das Abstellsignal gesandt hat (diese Transistoren oder Thyristoren dienen als elektronische Leistungsschalter). Und auch dieser Transistor bzw. Thyristor hat eine gewisse Schaltzeit. Ist die eigentlich erforderliche Blitzleuchtzeit kürzer als diese Schaltzeit, gibt es mit Sicherheit Überbelichtungen. Überbelichtungsgefahr beim TTL-gesteuerten Blitzen besteht, wenn, gemessen an der Leitzahl des Blitzgerätes und an der Filmempfindlichkeit, die Entfernung zum Motiv sehr klein und die eingestellte Blendenöffnung sehr groß ist.

Prinzipielle Grenzen der Blitzsteuerung: Probleme gibt es bei Motiven mit ungewöhnlichem Reflexionsvermögen. Die Eichung der Blitzautomatik bezieht sich, wie die Belichtungsmessung allgemein, auf ein Motiv mittleren Reflexionsvermögens. Diese Eichung auf das sog. Mittlere Grau kann sich auf Messung und Regelung des Blitzes fatal auswirken. Dunkle, gering reflektierende Motive werden automatisch aufgehellt und so unnatürlich hell wiedergegeben. Umgekehrt werden sehr helle, stark reflektierende Motive unnatürlich dunkel aufgenommen. Die weiß gekleidete Braut vor weißer Wand kommt also zu dunkel, die schwarz gekleidete Witwe vor dem schwarzen Sarg zu hell. Wenn Sie hier besser sein wollen als die Blitzautomatik, dann müssen Sie das Blitzgerät und die Kamera auf manuelles Blitzen umstellen. Ist das Motiv in seinem Reflexionsvermögen stark uneinheitlich, ist ebenfalls kein hundertprozentiger Verlaß auf die Blitzautomatik. Hier müssen Sie schon Mitdenken und selbst entscheiden, ob Sie nun auf die stark oder schwach reflektierenden Partien belichten wollen. Auch das ist nur mit manuellem Blitzen möglich.

Nikon-AF-Objektive						
Objektiv	Gruppen/ Linsen	Bildwinkel ca.	Filter-∅ (mm)	Son-nen-blende	Ge-wicht (g)	∅ x Länge (mm)
Zoom						
3,3 - 4,5/ 24 - 50 mm	9/9	84 - 46°	62	HB-3	375	70,5 x 73,5
3,5 - 4,5/ 28 - 85 mm	11/15	74 - 28°	62	HB-1	540	71 x 89
2,8/ 35 - 70 mm	12/15	62 - 34°	62	HB-1	665	72 x 95
3,3 - 4,5/ 35 - 70 mm	7/8	62 - 34°	52	HN-2	240	70,5 x 61
3,5 - 4,5/ 35 - 105 mm	12/16	62 - 23°	52	HB-2	510	70 x 87
3,5 - 4,5/ 35 - 135 mm	12/15	82 - 18°	62	HB-1	630	72 x 109
4,0 - 5,6/ 70 - 210 mm	9/12	34 - 11°	62	HN-24	590	73,5 x 108
ED 2,8/ 80 - 200 mm	11/16	30 - 12°	77	HN-28	1200	85,5 x 176,5
4,5 - 5,6/ 75 - 300 mm	11/13	31 - 8°	62	eingebaut	850	72 x 166
Weitwinkel						
2,8/20 mm	9/12	94°	62	eingebaut	260	69 x 42,5
2,8/24 mm	9/9	84°	52	HN-1	260	65 x 46
2,8/28 mm	5/5	74°	52	HN-2	195	65 x 39
2,0/35 mm	5/6	62°	52	eingebaut	215	63 x 43,5
Tele						
1,8/85 mm	6/6	28° 30'	62	HN-23	415	71 x 58,5
2,0/135 mm DC	6/7	18°	72		870	79 x 120
2,8/180 mm IF-ED	6/8	13° 40'	72	eingebaut	750	78,5 x 144
2,8/300 mm IF-ED	6/8	8° 10'	39	eingebaut	2700	133 x 255
4/300 mm IF-ED	6/8	8° 10'	39	eingebaut	1330	89 x 211
Standard						
1,4/50 mm	6/7	46°	52	HR-2	255	65 x 42
1,8/50 mm	5/6	46°	52	HR-2	155	63 x 39
Spezial						
Micro 2,8/60 mm	7/8	40°	62	HN-22	455	70 x 74,5
Micro 2,8/105 mm	8/9	23°	52	HS-7	555	75 x 104,5
AF-Tele-Konverter TC-16A	5/5	—	—	—	150	69 x 30

Übersichtstabelle Nikon NON-AF-Objektive und ihre Kombatibilität zur F-601

Objektiv	Scharfstellung		Belichtungsmöglichkeiten				Belichtungsmeßmethoden		
	Autofokus	AF-Scharfstellhilfe*	Programmautomatik	Blendenautomatik	Zeitautomatik	Manuell	Matrix	Mittenbetont	Spot*
Zoomobjektive									
3.5-4.5/28-85mm		▲[1]			●	●		●	●
3.3-4.5/35-70mm		▲[1]			●	●		●	●
3.5-4.5/35-105mm		▲[1]			●	●		●	●
3.5-4.5/35-135mm		▲[1]			●	●		●	●
3.5-4.5/35-200mm		▲[1]			●	●		●	●
4/80-200mm		▲[1]			●	●		●	●
4.5/ED 50-300mm		▲[1]			●	●		●	●
5.6/100-300mm		▲[1]			●	●		●	●
8/ 180-600mm ED		▲[1]			●	●		●	●
Weitwinkelobjektive									
5.6/13mm		▲[1]			●	●		●	●
3.5/15mm		▲[1]			●	●		●	●
3.5/18mm		▲[1]			●	●		●	●
2.8/20mm		▲[1]			●	●		●	●
2/24mm		▲[1]			●	●		●	●
2.8/24mm		▲[1]			●	●		●	●
2/28mm		▲[1]			●	●		●	●
2.8/28mm		▲[1]			●	●		●	●
1.4/35mm		▲[1]			●	●		●	●
2/35mm		▲[1]			●	●		●	●
2.8/35mm		▲[1]			●	●		●	●
Normalobjektive									
1.2/50mm		▲[1]			●	●		●	●
1.4/50mm		▲[1]			●	●		●	●
1.8/50mm		▲[1]			●	●		●	●
Teleobjektive									
1.4/85mm		▲[1]			●	●		●	●
2/85mm		▲[1]			●	●		●	●
1.8/105mm		▲[1]			●	●		●	●
2.5/105mm		▲[1]			●	●		●	●
2/135mm		▲[1]			●	●		●	●
2.8/135mm		▲[1]			●	●		●	●

Objektiv	Scharfstellung		Belichtungsmöglichkeiten				Belichtungsmeßmethoden		
	Autofokus	AF-Scharfstellhilfe*	Programmautomatik	Blendenautomatik	Zeitautomatik	Manuell	Matrix	Mittenbetont	Spot*
Teleobjektive									
2.8/ED 180mm		▲[1]			●	●		●	●
2/IF-ED 200mm		▲[1]			●	●		●	●
4/200mm		▲[1]			●	●		●	●
2.8 IF-ED 300mm		▲[1]			●	●		●	●
4.5/300mm		▲[1]			●	●		●	●
4.5 IF-ED 300mm		▲[1]			●	●		●	●
2.8 IF-ED 400mm		▲[1]			●	●		●	●
3.5 IF-ED 400mm		▲[1]			●	●		●	●
5.6 IF-ED 400mm		▲[1]			●	●		●	●
4 P IF-ED 500mm		▲[1]	●	●	●	●	●	●	●
4 IF-ED 600mm		▲[1]			●	●		●	●
5.6 IF-ED 600mm		▲[1]			●	●		●	●
5.6 IF-ED 800mm		▲[1]			●	●		●	●
Spiegelobjektive									
8/500mm					●	●		●	●
11/1000mm					●	●		●	●
11/2000mm					●	●		●	●
Fisheye-Objektive									
2.8/6mm		▲[1]			●	●		●	●
2.8/8mm		▲[1]			●	●		●	●
2.8/16mm		▲[1]			●	●		●	●
Spezialobjektive									
PC 3.5/28mm					▲[2]	▲[3]		●	●
PC 2.8/35mm					▲[2]	▲[3]		●	●
Micro 2.8/55mm		▲[1]			●	●		●	●
Noct 1.2/58mm		▲[1]			●	●		●	●
Micro 2.8/105–85mm		▲[1]			●	●		●	●
Micro 4 IF 200mm		▲[1]			●	●		●	●
Medical 4 IF 120mm		●				▲[4]		●	●
UV 4.5/105mm		▲[1]			●	●		●	●

▲[1] nur mit Lichtstärke 5.6 und besser

▲[2] Blende am Objektiv einstellen, Belichtungsmessung ohne Verschiebung durchführen dann erst Verschiebung mit gespeichertem Meßwert (AE-L) vornehmen

▲[3] Blende am Objektiv einstellen und Belichtungsabgleich einstellen dann erst Verschieben

▲[4] Verschlußzeit auf 1/60s oder länger einstellen

* Nur F-601 AF

Stichwortverzeichnis